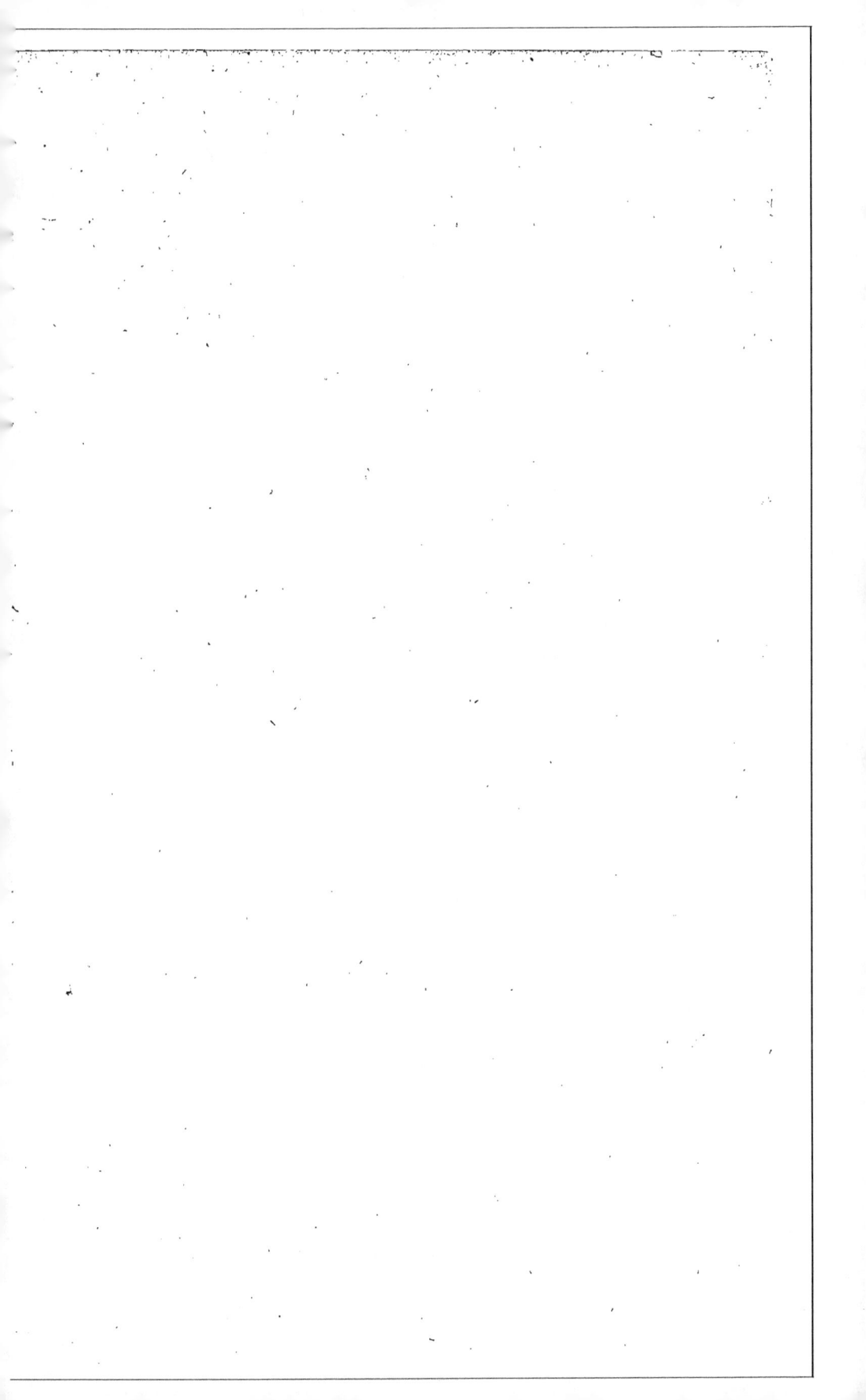

DE

LA CHALEUR

SPÉCIALEMENT APPLIQUÉE

A L'INDUSTRIE MANUFACTURIERE,

PAR F. BRESSON,

PROFESSEUR DE GÉOMÉTRIE ET MÉCANIQUE APPLIQUÉES AUX ARTS.

OUVRAGE DESTINÉ A MM. LES INDUSTRIELS, ET UTILE AUX PERSONNES QUI SUIVENT LES COURS PROFESSÉS AU CONSERVATOIRE ROYAL DES ARTS ET MÉTIERS PAR M. CLÉMENT DÉSORMES.

2ᵉ LIVRAISON.

A Paris,

CHEZ PAPINOT, LIBRAIRE,

RUE DE SORBONNE.

—

1829-1830.

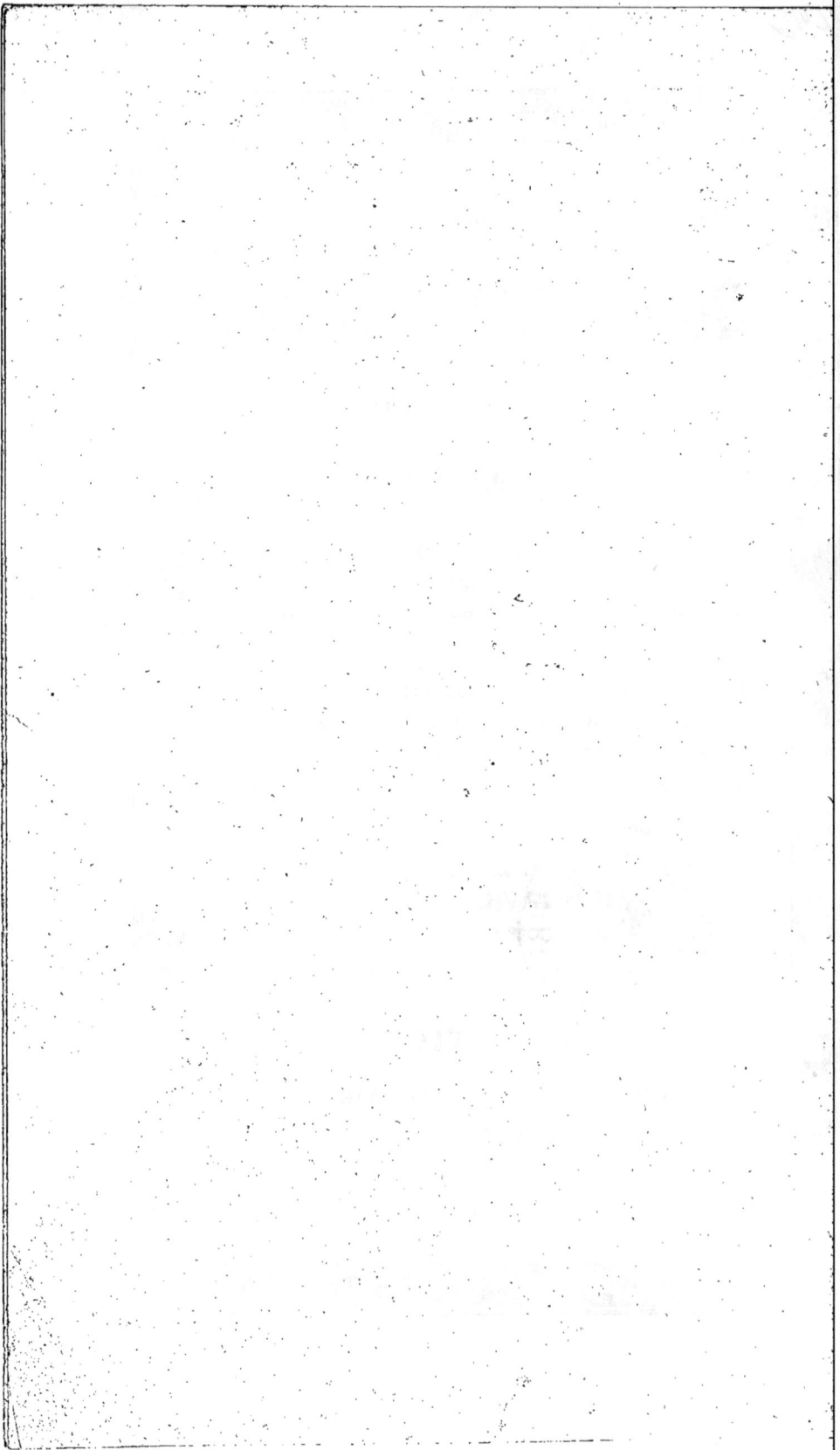

DE LA CHALEUR

SPÉCIALEMENT APPLIQUÉE

A L'INDUSTRIE MANUFACTURIÈRE.

IMPRIMERIE DE SELLIGUE,

Breveté pour les presses mécaniques et à vapeur,

Rue des JEUNEURS, n° 14.

DE

LA CHALEUR

SPÉCIALEMENT APPLIQUÉE

A L'INDUSTRIE MANUFACTURIÈRE,

PAR F. BRESSON,

PROFESSEUR DE GÉOMÉTRIE ET DE MÉCANIQUE APPLIQUÉES AUX ARTS :

OUVRAGE DESTINÉ A MM. LES INDUSTRIELS , ET UTILE AUX
PERSONNES QUI SUIVENT LES COURS PROFESSÉS AU CONSER-
VATOIRE ROYAL DES ARTS ET MÉTIERS PAR M. CLÉMENT
DÉSORMES.

A PARIS,

LIBRAIRIE SCIENTIFIQUE-INDUSTRIELLE,

PASSAGE DAUPHINE.

1829.

PRÉFACE.

Depuis long-temps on sent le besoin d'avoir un ouvrage sur la chaleur appliquée aux arts, dans lequel les manufacturiers pourraient puiser les renseignemens dont ils ont si souvent besoin. Nous avons bien des traités généraux, mais toujours trop scientifiques; il faut quelque chose de simple, en un mot de la science en pratique, et cela est rare chez nous.

En donnant cet ouvrage au public, je n'ai pas la prétention de lui faire croire qu'il est le fruit de mes travaux uniques; bien au contraire, je dois le prévenir que j'ai puisé sans scrupule dans différens auteurs, et toujours je les ai nommés; je ne prétends rien m'approprier, que mon travail et les fautes. M. Clément, qui professe cette matière au Conservatoire des Arts et Métiers, avec tant de succès et tant de supériorité, est de tous celui qui m'a le plus fourni de matériaux; j'ai pris beaucoup à ses leçons, ce que reconnaîtront sans peine ceux qui les suivent habituellement. Si j'eusse été certain que cet habile professeur dût publier son cours, je me serais abstenu;

mais il y a bien long-temps qu'on le désire , il est à croire que ses travaux l'empêchent de satisfaire aux souhaits bien naturels de ses auditeurs, et l'en empêcheront encore long-temps : je ne prétends point y avoir suppléé , mais j'ai fait ce que j'ai pu. Habitué depuis plusieurs années à faire des cours de chaleur appliquée aux arts , ayant aussi exercé la pratique de cette matière en faisant construire sous ma direction bon nombre de machines et appareils à vapeur , j'ai cru pouvoir être utile en publiant le résumé de mes leçons et de mes observations : le public seul appréciera si j'ai atteint ce but ; dans le cas contraire, mon zèle sera mon excuse.

Je me suis d'abord fait une loi de mettre ce travail à la portée du plus grand nombre possible , et pour cela de n'y employer que de l'arithmétique et quelques notions de géométrie élémentaire ; j'ai mis en note tout ce qui n'est pas indispensable, afin que dans une première lecture on puisse le négliger : il n'en peut résulter aucun inconvénient ; je pense qu'il n est pas un chef d'atelier qui ne puisse comprendre cet ouvrage après l'avoir lu et médité quelque temps : c'est pour cette classe d'hommes que j'ai particulièrement écrit.

Ce travail est divisé en sept sections , composées ainsi qu'il suit :

PREMIÈRE SECTION. — Généralités sur la chaleur ; température, et instrumens pour la mesurer ; dilatation des corps par la chaleur , compensations à cet effet ; quantité de chaleur, et moyens de la mesurer ; choix d'une unité de chaleur ; combustion, et comment elle s'opère ; valeur calorifique des combustibles ; raisons qui déterminent dans le choix d'un combustible.

DEUXIÈME SECTION. — Généralités sur les vapeurs ; elles se forment à toute température , et leur densité est indépendante du milieu ; force élastique de la vapeur d'eau par Dalton ; phénomènes que présente un espace saturé de vapeur ; évaporation , ébullition et vaporisation ; force élastique de la vapeur d'eau au-dessus de cent degrés ; chaleur constituante des vapeurs ; volume occupé par un kilogramme de vapeur d'eau à diverses températures ; vitesse de la vapeur d'eau.

TROISIÈME SECTION. — Construction des fourneaux ; cheminées, soufflets, ventilateurs ; moyens d'estimer la vitesse et le volume d'air fourni par ces appareils ; galeries et carneaux, dimensions qu'on doit leur donner ; foyers, grilles, cendriers ; comment on détermine la grandeur de chacune de ces parties d'un fourneau ; foyers fumivores de Brunton , de Collier , de Hall ; avantages qu'on en retire.

QUATRIÈME SECTION. — Construction des chaudières ; choix d'un métal ; de leur forme, de leur épaisseur ; produit qu'elles donnent ; moyens d'y reconnaître le niveau d'eau , d'apprécier la tension de la vapeur qu'elles contiennent ; appareils pour les alimenter et régler cette alimentation ; soupapes de sûreté , plaques fusibles , et autres moyens de conservation.

CINQUIÈME SECTION. — Chauffage des bâtimens particuliers , des fabriques , des serres chaudes , etc. , par l'air chaud , au moyen des cheminées , poêles , calorifères ou par la vapeur ; ventilation des appartemens , des spectacles , des mines , etc. ; emploi de la vapeur pour le chauffage des cuves , des cylindres et autres appareils dans les ateliers de teinture , de blanchisserie , d'apprêt , dans les fabriques d'indienne , dans la fabrication du sucre , et dans une foule d'arts.

SIXIÈME SECTION. — Puissance mécanique du feu réalisée par la vapeur d'eau ; sa puissance absolue ; comment on l'obtient dans les machines ; on ne doit plus la chercher dans les hautes pressions ; pompes à feu de Papin , de Worcester et Savary, de Newcomen ; grands perfectionnemens apportés par Watt ; pompe à feu de Woolf et Hornblower, d'Oliver-Evans, de Tréwitick ; application des pompes à feu aux moulins à blé, aux bateaux , aux voitures des mines , etc.

Septième section. — Force motrice du feu réalisée avec d'autres vapeurs que celle de l'eau , avec l'air chaud , avec la poudre à canon , avec le gaz hydrogène , avec l'acide carbonique , avec l'eau chaude.

Telle est l'analyse de l'ouvrage que je livre au public. Je crois avoir traité aussi complétement que possible cette branche des sciences industrielles , qui est la plus importante de toutes ; j'ai mis beaucoup de soin dans la vérification de mes calculs , afin qu'ils fussent exacts et toujours en harmonie entre eux ; presque toujours j'ai donné les moyens de les vérifier ; enfin j'ai fait tous mes efforts pour obtenir l'approbation de mes lecteurs. Si , malgré tous mes soins , quelques fautes m'étaient échappées , ou si j'avais omis quelque chose d'important comme objet de pratique , ou enfin si quelques personnes avaient connaissance de nouveaux procédés , je serai très-reconnaissant des avis qu'on voudrait bien me faire passer à ce sujet (1).

(1) Rue Saint-Julien , n° 15 , à Paris.

AVIS ESSENTIEL.

———

Ayant employé divers signes dont on fait un usage ordinaire dans les ouvrages de mathématiques, j'indiquerai ici leur valeur.

+ veut dire *plus*. Ainsi $8 + 4$ veut dire 8 plus 4 ou 12.

— veut dire *moins*. Ainsi $16 - 9$ veut dire 7.

$\times$ veut dire *multiplié par*. Alors $9 \times$ par 4 c'est 36.

$\frac{12}{2}$ veut dire 12 *divisé par* 2. C'est donc 6.

$\sqrt{36}$ veut dire *racine carrée de* 36. Ce qui vaut 6.

$\sqrt[3]{8}$ veut dire *racine cubique de* 8, dont la valeur est 2.

$(12)^2$ veut dire le *carré de* 12. C'est donc 12×12 ou 144.

= veut dire *égal*. En sorte que l'on a $60 = 20 \times 3$.

: veut dire *est à*.

:: veut dire *comme*.

Alors quand on a $12 : 4 :: 15 : 5$, cela veut dire 12 *est à* 4 *comme* 15 *est à* 5.

Ou en langage plus ordinaire,

Si 12 donne 4, 15 donne 5. C'est la règle de trois ou de proportion.

Toutes les températures indiquées dans l'ouvrage sont mesurées au thermomètre centigrade, à moins qu'il ne soit indiqué autrement.

DE LA CHALEUR

SPÉCIALEMENT APPLIQUÉE

A L'INDUSTRIE MANUFACTURIÈRE.

PREMIÈRE SECTION.

Généralités sur la chaleur; température, et instrumens pour la mesurer; dilatation des corps par la chaleur, et compensation à cet effet; quantité de chaleur, et moyen de la mesurer; choix d'une unité de chaleur; combustion, et comment elle s'opère; valeur calorifique des combustibles; raisons qui déterminent dans le choix d'un combustible.

1. LES physiciens ont donné le nom de calorique à la cause de la chaleur; le calorique est-il une matière qui s'introduit dans les corps, ou n'est-ce qu'un état particulier de ces corps. On ne peut résoudre cette question bien positivement : l'opinion dominante en France est que le calorique est une matière sans pesanteur, ou du moins sans pesanteur appréciable avec nos meilleurs instrumens, éminemment élastique, incoercible, c'est-à-dire que l'on ne peut renfermer dans un vase.

2. Ce que nous nommons chaleur est un résultat du calorique, c'est la sensation que nous fait éprouver un corps pénétré du calorique en plus ou moins grande quantité. En vertu de leur éminente élasticité, les molécules du calorique tendent constamment à s'écarter; dès-lors il se répand dans tous les corps, jusqu'à ce qu'y ayant acquis le même état d'élasticité, c'est-à-dire l'équilibre, il n'a plus

de raison pour se mouvoir. Un corps chaud peut être comparé à un réservoir rempli d'air comprimé ; si on ouvre issue à cet air, il s'échappera du réservoir jusqu'à équilibre de pression ; la seule différence, c'est que le calorique est si subtil qu'on ne peut le retenir dans aucun corps ; il passe à travers comme l'eau passe à travers le sable, tandis que l'air peut être emprisonné.

C'est cette élasticité du calorique, cette force plus ou moins grande avec laquelle il tend à s'échapper d'un corps, qu'on nomme tension du calorique, ou température du corps ; tout le monde sait que la température se mesure avec le thermomètre. Nous verrons ce qu'est cet instrument.

3. Le calorique étant un fluide subtil, impondérable, on ne peut mesurer la quantité de ce fluide contenue dans un corps par les méthodes ordinaires, c'est-à-dire ni au moyen du volume, ni au moyen du poids ; on a donc dû rechercher d'autres procédés. D'abord comme fluide élastique, il y a deux choses à mesurer, sa quantité et sa tension ; de même que quand il s'agit de mesurer une quantité d'air, il faut avoir son volume et la pression qu'il supporte. Nous disons donc que la mesure du calorique ne peut s'obtenir directement, car on en est encore à savoir si c'est un corps ; on ne peut l'apprécier que par ses effets. Le premier effet qu'il produit c'est la chaleur ; ainsi, dire que tel corps est plus chaud que tel autre, c'est dire que le calorique y a une plus grande tension que dans l'autre : voilà déjà une appréciation ; mais elle ne peut être que très-imparfaite ; car nos sensations, et la chaleur est une sensation, dépendent d'une foule de circonstances étrangères. Une deuxième action du calorique est la dilatation des corps, c'est-à-dire que tout corps en se pénétrant de ce fluide augmente de volume, et inversement lorsqu'il en perd ; il semble que le calorique en s'insinuant à travers les molécules d'un corps les écarte ; lorsqu'il s'en retire, la force de cohésion ou attraction des

molécules matérielles reprend son empire, et le corps se
contracte : ainsi les molécules des corps sont sans cesse
entre ces deux actions opposées, le calorique qui les écarte,
l'attraction qui les rapproche. Une fois reconnu qu'en entrant dans les corps le calorique les dilate, on peut prendre
cette dilatation pour le mesurer : de là le thermomètre.

4. Tous les corps, sans aucune exception, sont soumis
à l'action du calorique; tous pourraient donc servir à faire
des thermomètres; mais il en est de préférables les uns aux
autres, 1° par la facilité de mesurer cette dilatation; 2° pour
la régularité de cette action.

Une lame de cuivre A B (*fig.* 1) peut faire un bon thermomètre : pour cela son extrémité A doit être appuyée sur
un point fixe, celle B s'appuyant sur l'extrémité d'un levier
coudé DCI, dont le point d'appui est en C; alors si cette
lame s'échauffe elle s'allonge, et l'aiguille I, par son mouvement, indiquera cette élévation de température sur un
cadran qu'elle parcourt; comme la dilatation du cuivre est
très-faible, on fera le bras CD du levier très-court, et celui
CI très-long; alors une très-petite différence de longueur
dans la lame AB déplacera sensiblement l'extrémité I.

Ce thermomètre serait bon, mais seulement pour le cabinet; car il ne pourrait être *mobilisé* aisément, et tous les
thermomètres métalliques sont à peu près dans le même
cas.

5. Les thermomètres liquides sont préférables sous ce
point de vue; voici comment on les fait. On souffle à l'extrémité d'un tube en verre, creux et capillaire, une petite
boule A (*fig.* 2) ou un réservoir cylindrique A' (1); cela
fait, on procède à remplir ce réservoir, et lorsqu'il est rem-

(1) Le tube doit être bien cylindrique, et pour cela on le choisit
entre plusieurs; on s'en assure en faisant courir dedans une bulle
de mercure qui doit toujours y conserver la même longueur.

pli (1) jusqu'en C à peu près, on chauffe à la lampe le liquide qu'il contient; il se met en vapeur, laquelle chasse l'air, et dans le même instant on soude le bout du tube à cette lampe; dès-lors le thermomètre est fait. On conçoit maintenant que si on approche ce thermomètre d'un corps chaud, le liquide qu'il contient va s'échauffer, se mettre en équilibre de température avec ce corps; il se dilate, mais il ne peut le faire sans s'élever dans le tube, et par cette élévation on pourrait reconnaître la température de divers corps (2).

6. Il faut graduer l'instrument afin de le rendre plus commode dans son usage; on pourrait se contenter, chacun pour soi, de prendre une division arbitraire; par exemple, diviser la tige en parties égales à partir de la naissance jusqu'au sommet, en millimètres, je suppose, cela serait suffisant pour l'usage particulier; mais pour l'usage général cette méthode ne vaudrait rien; car sur cent thermomètres faits ainsi, il ne s'en trouverait pas deux indiquant ensemble le même degré dans les mêmes circonstances; le but qu'on

---

(1) On ne peut remplir avec un entonnoir à cause de la capillarité du tube; on y parvient par un moyen très-ingénieux : on fait chauffer à la flamme d'une lampe le réservoir thermométrique, l'air se dilate, il en sort donc une partie; plongeant aussitôt l'extrémité B du tube dans le liquide qu'on veut introduire, bientôt le refroidissement a lieu, l'air intérieur revenu à son premier volume ne remplit plus l'instrument, et dès-lors l'air extérieur tend à rentrer pour remplacer celui qui est sorti, mais il ne le peut; alors pressant sur le liquide, celui-ci est poussé dans le tube; répétant cela deux ou trois fois on parvient ainsi à remplir le réservoir de l'instrument.

(2) Si le verre se dilatait autant que le mercure, il est évident que celui-ci ne pourrait s'élever dans le tube, il resterait constamment au même point. Mais comme il s'élève, il faut en conclure que le mercure se dilate plus que le verre, car son élévation n'est que la différence de ces deux dilatations.

doit se proposer est d'avoir des thermomètres qui soient tous comparables, c'est-à-dire donnant tous la même indication s'ils sont placés dans les mêmes circonstances, dans un même vase contenant de l'eau chaude, par exemple. Ce but sera facilement atteint, si l'on peut se procurer en tout pays deux points fixes de température : or, cela est possible.

En tous lieux l'eau gelée fond à la même température, voilà donc un point fixe (1) ; dès-lors on est convenu que, pour graduer un thermomètre, on le plongerait dans de la glace fondante, et qu'au point où s'arrêterait le liquide dans la tige, on marquerait zéro (2) : de cette manière le zéro de tous les thermomètres indique en tous lieux la même température. Maintenant il faut trouver un deuxième point fixe ; il en existe un, c'est celui de l'eau bouillante, lorsqu'elle est pure, et que le baromètre indique la même pression atmosphérique (3). Comme dans nos climats, vers les bords de la mer, la hauteur moyenne du baromètre est

---

(1) Un observateur qui aura placé un thermomètre dans de la glace à demi fondue à Paris, et marqué sur sa tige le point où le liquide s'est arrêté dans ce cas, peut aller avec le même instrument à Moscou, à Lisbonne, à Berlin, etc. Si dans chacune de ces villes il le plonge dans de la glace fondante, le liquide thermométrique reviendra toujours au même point.

(2) Du moins c'est là ce qu'on fait pour les thermomètres d'après Réaumur ou centigrades.

(3) Nous verrons [75] que le terme auquel l'eau se met à bouillir dépend de la pression atmosphérique ; mais qu'alors de l'eau pure récemment distillée, placée dans un vase métallique librement ouvert, se met à bouillir dans tous les pays à la même température si dans tous ces lieux on a la même hauteur barométrique, et qu'elle n'augmente pas de température une fois arrivée à ce terme, ce qui en fait un point fixe facile à se procurer en tout temps.

28 pouces ou 760 millimètres, on est convenu que pour avoir le deuxième point fixe du thermomètre on le placerait dans un vase métallique contenant de l'eau pure qu'on ferait bouillir (le baromètre étant à 760 millimètres), et que le point où le liquide thermométrique s'arrêterait serait indiqué par un trait fait sur la tige. On a donc dans tous les thermomètres faits de cette manière deux points de comparaison; donc ils seront tous comparables entre eux.

7. Ces deux points arrêtés, on divise l'intervalle qui les sépare en parties égales appelées degrés.

Réaumur divisait en 80 parties, dites degrés Réaumur; aujourd'hui en France on divise le même intervalle en 100 parties dites degrés centigrades.

En Angleterre Fahreinheit divise cet intervalle en 180 parties égales, dites degrés de Fahreinheit : on prolonge cette division en portant des parties égales à celles comprises entre les deux points fixes au-dessus et au-dessous de ces points.

Dans le thermomètre centigrade et celui d'après Réaumur on marque o au point correspondant à la glace fondante; Fahreinheit marque 32 à ce point; alors, au terme de l'eau bouillante, Réaumur marque 80 degrés, le thermomètre centigrade 100 degrés, et Fahreinheit 212, puisque son terme de la glace fondante est 32 degrés, et qu'entre les deux points fixes il fait 180 degrés.

8. Il suit de là que 80 degrés Réaumur équivalent à 100 degrés centigrades, ou bien que 4 degrés Réaumur équivalent à 5 degrés centigrades; 180 degrés Fahreinheit équivalent à 100 degrés centigrades, ou 9 des premiers équivalent à 5 de ces derniers et à 4 degrés Réaumur (1).

_____

(1) Pour abréger, lorsqu'on indique une température, on n'écrit pas le mot degré, on le remplace par un signe; ainsi 25 degrés s'écriront 25°, etc.

9. Le choix du liquide, pour faire un thermomètre, n'est pas du tout indifférent : l'eau se dilate inégalement ; l'huile serait préférable, sa dilatation est assez uniforme ; de tous les liquides, le mercure est celui auquel on accorde le choix : 1° parce que sa dilatation est très-uniforme ; 2° parce qu'il ne peut bouillir qu'à une température élevée ; 3° parce qu'il est, comme métal, très-bon conducteur du calorique. Pour les grands froids on doit préférer l'alcool (1), parce que le mercure peut se congeler, ce qui n'arrive point à ce liquide, mais on ne doit lui donner la préférence que dans ce seul cas.

10. On fait aussi des thermomètres à air, ils sont très-bons, très-sensibles et très-exacts ; mais ils ont un grave inconvénient, c'est que le tube devant rester ouvert pour que l'air puisse se dilater, si la pression de l'atmosphère vient à changer, le volume de l'air renfermé dans le tube change aussi par cette raison, sans que la température ait varié ; donc cet instrument ne peut être bon que dans les mains des physiciens, qui savent faire les corrections dues à l'influence des variations de la pression atmosphérique (2).

---

(1) Esprit de vin, coloré avec de la cochenille ou avec de l'orcanète.

(2) Le thermomètre à air consiste en un long tube bien cylindrique à l'extrémité duquel on a soufflé une forte boule ; on chasse une partie de l'air contenu dans cette boule en l'échauffant, puis plongeant de suite l'extrémité ouverte du tube dans du mercure, celui-ci y afflue à cause du refroidissement ; mais on retire de suite le tube afin qu'il n'y entre qu'une petite bulle qui sert d'index : quand la température diminue, cet index marche vers la boule, et inversement quand elle augmente : on peut le graduer comme les autres ; nous avons signalé ses défauts, du reste il est très-sensible, et sa marche est parfaitement uniforme. Il est le seul dans ce cas.

Les thermomètres faits avec des liquides différens ne sont pas comparables entre eux, excepté aux points fixes, parce qu'ils ont été pris

11. En consultant des ouvrages divers on a souvent à transformer des températures indiquées avec un thermomètre en ce qu'elles seraient si on se fût servi d'un autre thermomètre ; quelques exercices sur ce genre de calcul ne seront donc pas déplacés.

Problème. — Un thermomètre centigrade plongé dans un bain marque 48 degrés ; on demande quel degré y marquerait celui de Réaumur ou celui de Fahrenheit ?

5 degrés centigrades équivalant à 4 degrés Réaumur [8]

on a donc $5 : 4 :: 48 : x$; calculant x, on trouve $x = \dfrac{48 \times 4}{5}$

de même pour tous : il en serait de même de thermomètres faits avec divers métaux, ils ne s'accorderaient pas entre eux, ni avec ceux à liquide, ni avec le thermomètre à air. De tous, le thermomètre à air est le seul qui ait une marche uniforme. Celui à mercure entre $0°$ et $100°$ s'accorde avec lui, mais pas au-delà ; les autres font des écarts considérables, ce qui tient à l'inégalité de dilatation de ces matières. Pour en avoir une idée, prenez quatre thermomètres faits d'après le mode décrit ci-dessus, l'un avec du mercure, l'autre de l'alcool rectifié, un troisième de l'eau, et un quatrième avec de l'huile d'olive, et gradués d'après Réaumur : vous aurez les résultats suivants en les plaçant tous quatre dans le même liquide échauffé successivement.

Indications des thermomètres à

Mercure.	Alcool rectifié.	Eau.	Huile d'olive.
0	0	0	0
10	7,9	0,2	9,5
20	16,5	4,1	19,3
40	35,1	20,5	39,2
60	56,2	45,8	59,3
80	80	80	80

$=38° \frac{2}{5}$; le thermomètre Réaumur plongé dans ce bain indiquerait donc $38° \frac{2}{5}$ (1).

5 degrés centigrades équivalent à 9 degrés Fahreinheit, on dit alors $5 : 9 :: 48 : x$, cette proportion donne $x = \frac{9 \times 48}{5} = 86° \frac{2}{5}$; mais le zéro centigrade correspond au 32e degré Fahreinheit, donc le thermomètre Fahreinheit marquerait dans ce bain $86° \frac{2}{5} + 32$, c'est-à-dire $118° \frac{2}{5}$ (2).

Problème. — Un thermomètre Réaumur plongé dans un liquide marque 36 degrés, on demande ce qu'indiquerait les thermomètres centigrade et Fahreinheit plongés dans le même liquide?

On sait que 4 degrés Réaumur valent 5 degrés centigrades et 9 degrés Fahreinheit [8]. Alors pour le premier on aura $4 : 5 :: 36 : x$, d'où on déduit $x = \frac{5 \times 36}{4} = 45°$ (3).

Pour le deuxième on aura $4 : 9 :: 36 : x$, d'où on déduira $x = \frac{9 \times 36}{4} = 81°$, ce à quoi il faut ajouter $32°$, puisque le zéro Réaumur correspond à $32°$ Fahreinheit; ainsi cette température en degrés Fahreinheit sera $81 + 32$ ou $113°$ (4).

Problème. Un thermomètre Fahreinheit mis dans un

---

(1) On voit que pour transformer une température centigrade en Réaumur il faut la multiplier par 4, et diviser le produit par 5.

(2) Pour convertir une température centigrade en Fahreinheit, il faudra donc la multiplier par 9 et diviser le produit par 5, ajoutant 32 au quotient on aura le résultat.

(3) Pour transformer une température Réaumur en centigrade, il faut la multiplier par 5 et diviser le produit par 4.

(4) Pour convertir un nombre de degrés Réaumur en Fahreinheit, il faut la multiplier par 9, diviser le produit par 4, et ajouter 32 au résultat obtenu ainsi.

2 *

four y marque 140°; on voudrait savoir ce que les thermomètres centigrade et Réaumur indiqueraient dans ce four?

De 140° retranchant les 32 degrés qui sont au-dessous de la glace, il reste 108; c'est-à-dire que la température du four est 108° Fahreinheit au-dessus de la glace fondante, et comme 9° de ce thermomètre équivalent à 5 degrés centigrades et à 4 Réaumur [8] on aura pour le premier $9 : 5 :: 108 : x$, d'où on déduit $x = \dfrac{5 \times 108}{9} = 60$ degrés (1).

Pour le deuxième, $9 : 4 :: 108 : x$, proportion qui donne $x = \dfrac{4 \times 108}{9} = 48$ degrés Réaumur (2).

12. Nous avons dit précédemment que tous les corps se dilataient par la chaleur; la connaissance de cette dilatation est utile dans une foule de cas pratiques; on a donc dû imaginer divers appareils pour la mesurer.

Pour les corps solides, et principalement les métaux, MM. Lavoisier et Delaplace imaginèrent le suivant : une barre métallique *aa'* d'une longueur connue, un mètre par exemple, et dont on veut mesurer la dilatation, est placée dans une chaudière remplie d'huile A (*fig. 3*); cette barre s'appuie par son extrémité *a'* sur un obstacle fixe *b*, et de l'autre sur l'extrémité d'un levier coudé dont le centre de mouvement est l'axe *c*; cet axe du levier porte une lunette *d* : les choses ainsi disposées, on prend note de la température du bain d'huile qui est accusée par le thermomètre *e*; on marque en *f* le point auquel correspond l'axe

(1) Donc pour convertir une température Fahreinheit en centigrade, il faut retrancher 32 du nombre de degrés Fahreinheit, multiplier le reste par 5, et diviser le produit par 9.

(2) Cette transformation se borne donc à retrancher 32 du nombre donné, multiplier le reste par 4, et diviser le produit par 9.

21

visuel de la lunette (1), puis on fait du feu sous la chaudière; à mesure que l'huile s'échauffe, la barre aa' s'allonge, elle pousse l'extrémité du levier, en même temps alors, fait tourner la lunette; pour mesurer la dilatation il n'y a plus qu'à noter la température en A dans un instant donné, et au même instant le point g auquel correspond l'axe visuel de la lunette; d'après cette observation, on conclut l'allongement de la barre, car, si par exemple, le levier $c\,a$ est de $\frac{1}{2}$ mètre de long, et la distance cg de 500 mètres, on en conclura que l'allongement de la barre est un millième de gf, variation des points de mire. Cet appareil très-simple fournit des résultats très-exacts.

C'est ainsi que MM. Lavoisier et Delaplace ont reconnu que pour une augmentation de température d'un degré centigrade, l'allongement d'une lame de (2)

Cuivre rouge est de	$\frac{1}{58205}$	de sa longueur.
Cuivre jaune (laiton)	$\frac{1}{53215}$	id.
Zinc	$\frac{1}{34000}$	id.
Étain fin des Indes	$\frac{1}{51600}$	id.
Plomb	$\frac{1}{35108}$	id.
Acier non trempé	$\frac{1}{92700}$	id.
Acier trempé (recuit jaune)	$\frac{1}{80700}$	id.
Fer doux forgé	$\frac{1}{81937}$	id.
Fer fondu	$\frac{1}{90100}$	id.
Argent fin	$\frac{1}{52392}$	id.
Or fin	$\frac{1}{68200}$	id.
Or, titre de Paris, recuit	$\frac{1}{66067}$	id.
Platine	$\frac{1}{116748}$	id.
Verre de St-Gobain	$\frac{1}{112200}$	id.
Flint-glass anglais	$\frac{1}{124800}$	id.
Marbre de Carrare.	$\frac{1}{117650}$	id.
Pierre de Vernon-sur-Seine	$\frac{1}{232396}$	id.
Pierre de St-Leu	$\frac{1}{154083}$	id.

(1) Ce point se doit marquer sur un but extrêmement éloigné, par exemple à 500 mètres de l'axe c.

(2) Tous ces résultats ne sont pas de MM. Lavoisier et Delaplace mais il y en a bon nombre de ces physiciens.

13. Des expériences font connaître que la fonte de fer presque coulante se contracte de près d'un centième dans toutes ses dimensions en refroidissant, en sorte que si on fait un modèle pour le moulage, il faut tenir toutes les dimensions de $\frac{1}{100}$ de plus qu'on ne veut les avoir, à cause de cette contraction que les fondeurs appellent *retrait*.

Lorsqu'on fait fondre de grandes pièces pour machines, il faut toujours tenir compte de cette action; ainsi il arrive souvent qu'une pièce qui contient des parties fortes et de faibles, après être fondue, se casse en refroidissant, et voici pourquoi : Si, par exemple, on fait fondre une roue ou volant *abc* (*fig.* 4), et si le cercle *a* est épais et les rayons *b* très-minces (1), ils casseront; car à cause de leur peu d'épaisseur ils se refroidissent très-promptement, de sorte qu'ils sont déjà à l'état solide lorsque le cercle est encore presque liquide; ce cercle, en se refroidissant, diminue d'un centième de son diamètre; s'il a 100 pouces, refroidi il n'en aura que 99; mais alors les rayons s'opposent à ce retrait, vu qu'ils sont solidifiés, et n'étant pas assez forts pour l'empêcher, ils rompent; pour remédier à cela, quelques personnes font les rayons cintrés comme on voit ceux *b'b'*; ceux-là se courbent un peu plus, mais ils ne cassent point; d'autres font le cercle rompu (comme on le voit en *m*), en calculant exactement ce qu'il faut, afin que dans le retrait les deux parties se rapprochent entièrement.

14. Nous pourrons actuellement résoudre les questions suivantes, utiles dans plusieurs cas.

Problème. — On a une barre de laiton de 10 mètres à la température — 20°; on la place dans un lieu dont la température est de 60 degrés. On demande sa longueur?

_____

(1) Dans un volant, il faut que toute la masse soit à la circonférence autant que possible.

Cette barre s'allonge de $\frac{1}{53245}$ pour un degré [12], quantité qui est 0,00018 mètres, c'est-à-dire à très-peu près 2 dixièmes de millimètre ; et comme la température est augmentée de 80 degrés, l'allongement est 80 fois cette longueur, c'est 0,015 mètres ou 15 millimètres; la longueur actuelle de cette barre est donc 10,015 mètres.

Problème. — On veut couler en fer fondu une colonne qui devra avoir 50 pieds d'élévation, quelle hauteur faut-il donner au modèle ?

Le modèle doit avoir $\frac{1}{100}$ de plus que n'aura la pièce fondue [13] à cause du retrait, il doit donc avoir 50 pieds plus $\frac{1}{100}$ de 50 pieds, ou 50 pieds $\frac{1}{2}$.

15. La dilatation des corps solides a lieu également dans tous les sens; c'est-à-dire, par exemple, qu'une sphère en s'échauffant augmente également de diamètre en tous sens, ce qui a été confirmé par un grand nombre d'expériences.

La dilatation n'est pas une quantité constante; en général elle s'accroît avec la température, c'est-à-dire que si elle est pour une substance de $\frac{1}{100000}$ par degré dans les basses températures; dans des températures plus élevées elle sera plus grande, peut-être $\frac{1}{99000}$. D'après MM. Dulong et Petit, de 0° à 100° la dilatation du cuivre rouge est de $\frac{1}{58200}$ par degré, et de 0° à 300° elle est, terme moyen, de $\frac{1}{58100}$; elle a donc beaucoup augmenté dans les degrés supérieurs de température ; il en est de même des autres corps solides et des liquides.

L'acier trempé, au lieu de se dilater, dans une certaine étendue de l'échelle thermométrique, se contracte; cela tient évidemment à l'état de tension dans lequel se trouvent ses molécules par la trempe; alors la chaleur leur donne de la facilité pour reprendre la place qu'elles auraient occupée sans ce refroidissement brusque qu'on leur a fait éprouver en trempant.

16. C'est à cause de la dilatation des métaux par la cha-

leur, que dans les grandes conduites d'eau des villes, il faut de distance en distance établir ce qu'on appelle des compensateurs; cela consiste en un tuyau A (*fig. 5*), qui entre dans le suivant B avec frottement, lequel frottement a lieu dans une bague de plomb *c c'* qui forme le joint, de cette manière l'eau ne peut sortir; mais le tuyau A peut s'avancer ou se retirer suivant l'état de la température (1) dans les ponts en fer; si les barres qui supportent le pont étaient scellées dans les piles, lorsque la température changerait, ces barres, s'allongeant ou se raccourcissant, renverseraient les piles du pont; on est donc obligé d'aviser aux moyens d'empêcher ce résultat lors de la construction.

Lorsqu'on établit un chauffage à la vapeur, il faut bien se garder, pour cette même cause, de sceller les tuyaux dans les murailles, car en se dilatant et se contractant ils renverseraient ces murailles; en général on les pose sur des supports à roulettes, surtout s'ils sont pesans, en sorte qu'ils font tous ces mouvemens sans rien ébranler (2).

17. On peut, dans quelques cas particuliers, tirer un bon parti de la dilatation; c'est ce que fit M. Molard aîné, ancien

(1) Supposons une conduite en fonte de cuivre de 53215 pieds; elle s'allongerait pour chaque degré de 1 pied [12], et pour 20 degrés, différence de l'hiver à l'été, de 20 pieds. S'il n'y avait pas de compensateur, il est évident qu'elle romprait.

Ces compensateurs s'établissent tous les 150 mètres à peu près; quelquefois le tuyau A glisse dans une boîte remplie d'étoupes qu'on peut resserrer à volonté par un tampon à vis.

(2) En horlogerie, il est indispensable de compenser rigoureusement la dilatation des mobiles, qui variant de dimension varient en même temps de vitesse si la force motrice est constante: plusieurs moyens dignes du génie des artistes qui les ont trouvés sont employés; mais nous ne les examinerons pas, vu qu'ils n'appartiennent pas à l'industrie manufacturière. Ils nécessiteraient un ouvrage qui leur soit consacré, comme les beaux traités de Berthoud, etc.

directeur du Conservatoire des Arts et Métiers; la voûte d'une des salles formant les galeries publiques de cet établissement était fendue en *a* (*fig.* 6), et s'appuyant sur les murs latéraux *b b'*, elle menaçait de les jeter bas; pour rapprocher ces deux murs de manière à faire joindre les parties séparées de la voûte, il fallait une force considérable (1). Il fit placer de distance en distance de fortes tiges en fer *c*, lesquelles traversaient les murs et s'appuyaient dessus par de très-larges têtes; d'un bout était un écrou *d* qui devait servir par sa pression à rapprocher les deux murs; on le serra d'abord jusqu'à ce que des hommes armés de grands leviers y renonçassent; puis on fit du feu sous plusieurs de ces tiges, et au même moment elles s'allongèrent, et à mesure on resserait les écrous; arrivé à un certain terme, on cessa le feu; les barres se raccourcirent, mais les écrous ne cédant pas, les murs furent obligés de céder et la voûte reprit ainsi sa solidité.

18. Les liquides, comme nous le savons, se dilatent par la chaleur; MM. Petit et Dulong ont mesuré ces dilatations avec un appareil très-heureux.

a et *c* (*fig.* 7) sont deux tubes en verre d'un assez grand diamètre, réunis par un tube *b*, très-étroit; le tube *b* doit être bien horizontal, et pour cela il repose sur une plaque qu'on met de niveau avec des vis à caller, et les deux branches *a* et *c* doivent être verticales; alors ils remplissent le syphon renversé *a b c*, du liquide dont ils veulent mesurer la dilatation; plaçant un manchon en verre A autour de la branche *a*, et un semblable C autour de la branche *c*, ils remplissent l'un, A, d'eau et de glace, en sorte que la température y est constamment à zéro; au contraire, ils remplissent d'eau le manchon C, et y faisant arriver un courant

(1) La presse hydraulique convenablement disposée pourrait peut-être s'employer dans pareil cas.

de vapeur, ils peuvent obtenir en c la température qu'ils désirent, laquelle sera accusée par des thermomètres; il suit de là qu'en vertu de la température, le liquide contenu en c est dilaté, donc sa densité est moindre que ce même liquide contenu en a; dès-lors l'équilibre n'a lieu que lorsque les hauteurs des colonnes liquides a et c sont en raison inverse des densités; ainsi mesurant les hauteurs de ces colonnes, il sera facile d'en conclure la densité. Pour mesurer ces hauteurs on peut employer une lunette d disposée de manière à glisser sur une tige graduée D; cette tige pose sur un pied et à l'aide de vis peut être placée parfaitement verticale, position qui sera déterminée par le fil-à-plomb g; la lunette d est alors bien horizontale et on s'en assure d'ailleurs avec un niveau à bulle d'air; elle glisse au long de la tige D, et lorsqu'il n'y a qu'un faible mouvement à lui donner, la vis f est employée à cet usage; on peut donc apprécier, à l'aide de cette lunette, la hauteur des colonnes liquides a et c avec la plus grande précision, et de là déduire par le calcul leur densité; la diminution en densité, qui est due à la température, fait nécessairement connaître l'augmentation en volume. C'est ainsi qu'il a été déterminé que la dilatation du mercure était $\frac{1}{5550}$ de son volume pour chaque degré centigrade, entre $0°$ et $100°$ et $\frac{1}{5425}$ entre $0°$ et $200°$, etc. (1). Certains liquides ont une dilatation très-variable; l'eau, par exemple, en passant de $0°$ à $30°$ augmente de $\frac{4}{1000}$ de son volume à $0°$, passant de $0°$ à $60°$ elle augmente de $\frac{18}{1000}$ du même volume, passant de $0°$ à $90°$ elle augmente de $\frac{38}{1000}$, et enfin de $0°$ à $100°$ elle augmente de $\frac{46}{1000}$. On voit que pour les trente pre-

---

(1) On avait avant cela déterminé la dilatation des liquides par d'autres procédés; mais alors les résultats étaient complexes, car il y avait toujours celle du vase enveloppant et celle du liquide : par cette méthode, la dilatation du vase est indifférente, puisqu'on se propose seulement de déterminer une densité

miers degrés elle ne se dilate que de $\frac{4}{1000}$, tandis que pour les trente suivans elle augmente de $\frac{14}{1000}$ (1), et enfin sa dilatation totale de 0° à 100° sera en nombres ronds $\frac{1}{24}$ de son volume. L'alcool de 0° à 100° se dilate de $\frac{4}{9}$ de son volume ; d'après cela on conçoit que si on remplissait un vase d'eau, qu'on le fermât solidement, et qu'on le fît chauffer, il creverait par la seule augmentation du volume de cette eau.

19. Les gaz se dilatent aussi par la chaleur, et ils le font uniformément. M. Gay-Lussac, qui s'est beaucoup occupé de ces recherches, a trouvé, après un grand nombre d'expériences faites avec toute la précision qu'on connaît à cet habile physicien, que tous les gaz et toutes les vapeurs se dilataient de la même quantité; cette dilatation est, pour un degré centigrade, de $\frac{1}{267}$ du volume occupé par le gaz à la température zéro (2). Ainsi, ayant à cette température 267 litres d'un gaz quelconque, à 1 degré on aurait 268 litres, à 100 degrés on aurait 367 litres, etc.

On conçoit que puisqu'un volume égal à 267 à la température zéro devient 367 à celle de 100 degrés, et alors 368 à 101 degrés, on peut dire que la dilatation est $\frac{1}{367}$ du volume à 100 degrés : nous aurons besoin de prendre la chose sous ce point de vue dans la théorie des vapeurs.

20. Dans un très-grand nombre de cas, il nous sera indispensable de calculer la dilatation des gaz ou des vapeurs : c'est pour cela que quelques exemples de ces calculs ne seront point inutiles.

Problème. — Le thermomètre marque 0, on a 1248 li-

(1) L'eau ferait donc un fort mauvais thermomètre. La dilatation du mercure n'est pas rigoureusement uniforme, mais elle varie très-peu.

(2) Cette belle découverte est connue sous le nom de loi de Gay-Lussac sur la dilatation des fluides élastiques.

tres d'air dans un récipient, s'il descend à — 10 degrés, quel volume prendra cet air ?

Il diminue de la 267ᵉ partie de son volume à zéro pour chaque degré, c'est 4,7 litres ; donc, pour 10 degrés, c'est dix fois cette diminution, ou 47 litres ; ainsi le volume demandé est 1248 — 47, c'est-à-dire 1201 litres.

Problème. — Un thermomètre placé dans un gazomètre marque 60 degrés ; ce gazomètre contient alors 2400 litres de gaz hydrogène ; la température s'abaisse le lendemain à 12 degrés, quel volume d'hydrogène a-t-on dans le gazomètre ?

On peut résoudre ainsi, en partant de la loi de M. Gay-Lussac, 267 litres à zéro deviennent 267 + 12, ou 279 litres à 12 degrés ; ce même volume, à 60°, est 267 + 60, ou 327 litres : ainsi nous savons que 327 litres à 60 degrés ne seront plus que 279 litres à 12 degrés ; dès-lors, par une proportion, nous trouverons ce que deviennent les 2400 litres donnés à 60 degrés, lorsqu'ils seront descendus à la température de 12 degrés. Cette proportion, la voici :

$$327 : 279 :: 2400 : x ; \text{ calculant } x \text{ on aura } x = \frac{2400 \times 279}{327}$$
$$= 2047 \text{ litres (1).}$$

21. La température d'un corps n'indique pas quelle quantité de calorique contient ce corps, elle indique seulement, comme nous l'avons dit, l'état de tension du calorique dans ce corps ; ainsi, par exemple, une livre de mercure et une

---

(1) On pourrait résoudre cela algébriquement ; alors on dirait, soit x le volume du gaz à zéro ; à 60 degrés, il est $x + \dfrac{60\,x}{267} = \dfrac{327\,x}{267}$;

d'où on a $\dfrac{327}{267}\,x = 2400$; équation de laquelle on déduit $x = 1959$;

c'est le volume à zéro, à 12 degrés c'est donc $1959 + \dfrac{12 \times 1959}{267}$

$= 2047$ litres.

livre d'eau à la même température ne contiennent pas du tout la même quantité de calorique, ce qui résulte de la nature de ces corps; ils exigent des quantités différentes de calorique pour prendre la même augmentation en température, il y a donc là une propriété inhérente à la nature du corps, qu'on a appelée sa capacité pour le calorique, et alors un corps a d'autant plus de capacité, qu'il lui faut une plus grande quantité de calorique pour s'échauffer d'un nombre de degrés donné. Pour prendre une comparaison sensible, imaginons deux réservoirs de même volume, l'un rempli d'air, l'autre de gaz hydrogène, à la même pression, c'est-à-dire que le manomètre indique dans tous deux la même force élastique (1). Cependant il y a près de quatorze fois plus de matière dans le réservoir plein d'air que dans l'autre, parce que l'air pèse quatorze fois autant que le gaz hydrogène; ainsi le manomètre y indique la même tension, quoique la quantité de matière soit très-différente; le manomètre est à un réservoir rempli de gaz ce que le thermomètre est à un corps chaud, qui est un réservoir rempli de chaleur : l'un et l'autre de ces instrumens indiquent la tension du fluide, sa force élastique, mais non sa quantité.

Nous verrons bientôt qu'il a été vérifié que pour échauffer un kilogramme d'eau de zéro à cent degrés il fallait plus de calorique que pour échauffer un kilogramme de fer de 0° à la chaleur rouge (2). Ainsi maintenant gardons-nous de confondre température et quantité de chaleur.

22. On ne peut connaître la capacité absolue des corps pour le calorique, car pour cela il faudrait pouvoir se procurer un corps ne contenant plus de calorique; or, cela est impossible; si basse que soit la température d'un corps,

---

(1) On peut voir ce que c'est que le manomètre [article].
(2) La chaleur rouge est d'environ 600 degrés.

il contient encore du càlorique. Ce n'est donc que la capacité relative qu'on peut mesurer; à cet effet, on choisit un
corps pour terme de comparaison, c'est l'eau qu'on a
choisie (1); ainsi la capacité de l'eau pour le calorique sera
1, ou, pour autrement dire, j'appelle 1 la quantité de calorique nécessaire pour élever d'un degré la température
d'un kilogramme d'eau; c'est sa chaleur spécifique. S'il
faut, pour agir de la même manière sur le même poids de
mercure, trente-quatre fois moins de chaleur, j'en con-
clurai que la capacité du mercure est $\frac{1}{34}$.

23. On rendra les calculs nécessaires à cette recherche,
et tous ceux que nous aurons à faire dans la suite, bien plus
faciles, si on se crée une unité pour mesurer les quantités de chaleur; or le choix d'une unité est toujours arbitraire; en conséquence, nous prendrons pour unité, dans
ce genre de quantité, ce qu'il faut de calorique pour élever
d'un degré la température d'un kilogramme d'eau, et cette
unité, nous lui donnons, d'après M. Clément, le nom de
calorie (2). Ainsi, d'après cela, nous dirons, pour porter
de 5° à 6° un kilogramme d'eau, il faut une calorie; pour
porter de 5° à 30° un kilogramme d'eau, il faut 25 calories.

24. D'après cela, déterminer la capacité d'un corps pour
le calorique, revient à trouver combien de calories il faut
pour élever d'un degré la température d'un kilogramme de
ce corps.

---

(1) Ce choix est fondé sur de bonnes raisons : 1° il est facile de
s'en procurer de la pure partout ; 2° les expériences pour déterminer la capacité relative des autres corps sont faciles en employant
celui-ci.

(2) C'est M. Clément qui, dans ses cours, a proposé l'emploi de
cette unité ; il a rendu par cette création un grand service à ceux
qui s'occupent de chaleur, car elle simplifie considérablement les
calculs, et par cela même facilite l'intelligence des phénomènes, ou
du moins leur explication.

Cette recherche ne peut pas se faire directement, c'est-à-dire on ne peut mesurer directement le nombre de calories qui passent dans un corps lorsqu'il est placé sur un foyer. Il y a deux méthodes principales pour obtenir ces résultats, celle employée par MM. Lavoisier et Delaplace, qui consiste à se servir du calorimètre de glace, et celle des mélanges employée par Crawford.

25. La première méthode est fondée sur un fait d'expérience, savoir, que pour fondre un kilogramme de glace, il faut 75 calories. C'est par l'expérience suivante qu'on le démontre : prenez un kilogramme de glace fondante (à 0°) et un kilogramme d'eau à 75°, versez l'eau sur la glace et remuez le tout, la glace fond, et vous obtenez de suite 2 kilogrammes d'eau à 0°. Ainsi les 75 calories que contenait l'eau ont disparu; elles ont servi à transformer la glace en eau sans augmenter sa température (1) : ce calorique s'est donc combiné avec la glace (2). Partant de là, nous disons que chaque kilogramme de glace à fondre prend 75 calories.

26. Le calorimètre de glace n'est autre chose qu'une boîte en glace A (fig. 8). Pour le faire, on remplit un grand seau d'eau, on fait plonger dedans un plus petit seau de manière à laisser entre les deux une couche d'eau de 3 pouces d'épaisseur environ, puis on laisse geler le tout. On a alors un seau de glace, sur lequel on applique un

---

(1) Ce qui fait bien sentir ce phénomène, c'est que si on mêle 1 kilog. d'eau à 0° et 1 kilog. d'eau à 75°, on obtient 2 kilog. d'eau à la température moyenne de $37°\frac{1}{2}$.

(2) L'eau n'est pas le seul corps dans ce cas; tous en passant de l'état solide à l'état liquide absorbent du calorique qui se combine, et devient alors insensible au thermomètre. Ce calorique peut redevenir sensible si le corps passe de l'état liquide à l'état solide. Ainsi l'étain qui se fige, de la cire, même de l'eau qui se congèle, mettent en liberté le calorique qui s'était combiné lors de la liquéfaction.

couvercle de glace fait d'une manière analogue; dans cette boîte A, on ménage vers le fond un trou, dans lequel on loge un tube a muni de son robinet, et le calorimètre est fait (1).

27. Lorsqu'on veut s'en servir, on le place dans une pièce où la température doit être maintenue à 0° autant que possible, et on l'y laisse assez de temps pour qu'il prenne la température de ce milieu; alors on est prêt à opérer. Supposons qu'on veut mesurer la capacité du fer pour la chaleur, on pesera un kilogramme de fer, et on le fera chauffer à cent degrés en le tenant suspendu quelque temps dans de l'eau bouillante [6]. Lorsqu'il est chaud, on le place sans perdre un instant dans le calorimètre A, on recouvre et on l'y laisse ainsi jusqu'à refroidissement complet, il doit donc prendre la température 0°; à mesure qu'il se refroidissait, il cédait son calorique à la glace, celle-ci fondait, et le poids de glace fondue représente la quantité de chaleur abandonnée par ce morceau de fer; on recueille l'eau, provenant de cette fusion de la glace, par le robinet a; soit $146 \frac{2}{3}$ grammes le poids de cette eau, il sera facile d'en conclure le nombre de calories cédé par le fer; car pour fondre 1 kilogramme ou 1000 grammes de glace, il faut 75 calories [25]; donc ce qu'il faut pour fondre $146 \frac{2}{3}$ grammes se trouvera par cette proportion, $1000 : 146 \frac{2}{3} :: 75 : x$, d'où on déduit $x = 11$;

---

(1) On ferait mieux encore avec un moule. Le calorimètre tel que nous venons de le décrire est celui recommandé par M. Gay-Lussac; celui employé par MM. Lavoisier et Delaplace en diffère, en ce qu'au lieu d'un seau de glace il prend un seau en fer-blanc à triple paroi; entre les deux parois les plus internes, il remplit de glace fondante, de même entre les deux parois externes; cette couche extrême de glace est afin de protéger l'appareil du contact extérieur de l'air. On peut en voir la description dans le Traité de Physique de M. Pouillet, tom. I, page 391.

ainsi, pour échauffer 1 kilogramme de fer de 100°, il faut 11 calories, et pour l'échauffer de 1° il n'en faudrait alors que la centième partie : c'est $\frac{11}{100}$. La capacité du fer est donc $\frac{11}{100}$, à très-peu près $\frac{1}{9}$, celle de l'eau étant 1.

28. C'est par des expériences de ce genre que MM. Lavoisier et Delaplace ont déterminé la table suivante (1) :

Capacité des différens corps à poids égaux.

	L'expérience donne.	En nombre rond.
Eau	1	1
Cuivre	0,0940	$\frac{1}{11}$
Zinc	0,0927	$\frac{1}{11}$
Étain	0,0475	$\frac{1}{21}$
Plomb	0,0282	$\frac{1}{35}$
Fer battu	0,1105	$\frac{1}{9}$
Argent	0,0557	$\frac{1}{18}$
Or	0,0298	$\frac{1}{34}$
Platine	0,0335	$\frac{1}{30}$
Mercure	0,0290	$\frac{1}{34}$
Verre sans plomb .	0,1929	$\frac{1}{5}$
Chaux vive	0,2169	$\frac{1}{5}$
Huile d'olive. . . .	0,3096 . . entre . . .	$\frac{1}{}$ et $\frac{1}{4}$.

29. La capacité des corps n'est pas une quantité constante. En général, elle augmente avec la température; ainsi celle du platine est 0,0335 entre 0° et 100° de température, elle est 0,0355 entre 0° et 300°; celle du cuivre est 0,094 entre 0° et 100°, et elle se trouve moyennement de 0,1013 entre 0° et 300°.

Les capacités données dans la table précédente [28]

---

(1) Quelques résultats insérés dans cette table appartiennent à d'autres physiciens.

sont celles des corps dans les limites de température de 0° à 100°.

30. La méthode des mélanges, due à Crawford, peut encore servir à déterminer la capacité des corps pour le calorique; voici en quoi elle consiste : admettons qu'on veut déterminer la capacité du mercure pour le calorique, on prendra un kilog. de mercure à 105°, et on le mêlera promptement avec un kilog. d'eau à 0°, on trouvera le mélange à 3°; ainsi le mercure a cédé à l'eau 3 calories, puisqu'un kilog. d'eau s'est élevé en température de 3°, et le mercure a perdu 102° de sa température; un kilog. de mercure prend donc 3 calories pour s'échauffer de 102°, ou la 102me partie de cette quantité pour 1°; c'est donc $\frac{3}{102}$ ou $\frac{1}{34}$ de calorie; dès-lors la capacité du mercure est $\frac{1}{34}$. Cette méthode est fort bonne; elle exige quelques précautions pour éviter les erreurs (1), mais elle se pratique aisément.

31. C'est dans un appareil analogue et dit calorimètre d'eau (2') que MM. Delaroche et Bérard, par leurs expériences, ont déterminé la table suivante.

---

(1) Ces précautions consistent à faire quelques expériences préliminaires pour déterminer approximativement la température du mélange : alors on prend le vase dans lequel se fait le mélange à cette température afin qu'il n'enlève rien pour sa part.

(2) Cet appareil est un serpentin qui circule dans un vase fermé rempli d'eau ; plusieurs thermomètres peuvent indiquer exactement la température de l'eau; alors on fait traverser le serpentin par un poids donné d'un gaz, ou par de la vapeur, etc. : et de l'élévation de température qui en résulte dans l'eau, on en déduit le nombre de calories abandonnées par le corps circulant dans le serpentin, et de là, par le calcul, sa capacité.

Capacité des différens gaz.

N O M S.	Capacité à volumes égaux, celle de l'air étant 1.	Capacité à poids égaux, celle de l'air étant 1.	Capacité à poids égaux, celle de l'eau étant 1.	
			L'expérience a donné	en nombre rond.
Air atmosphérique.	1	1	0,266	$\frac{1}{4}$
Hydrogène..	0,9033	12,3{01	3,293	$3\frac{1}{3}$
Oxigène.	0,9765	0,8848	0,236	$\frac{1}{4}$
Azote.	1	1,0318	0,273	$\frac{1}{4}$
Oxide de carbone. .	1,0340	1,0805	0,288	$\frac{2}{7}$
Acide carbonique. .	1,2588	0,8280	0,221	$\frac{1}{4}$ou$\frac{2}{9}$ (1)
Gaz oléifiant.. . . .	1,5530	1,5763	0,421	$\frac{3}{7}$
Vapeur d'eau. . . .	1,9600	3,1360	0,847	$\frac{6}{7}$
Eau.	»	»	1	1

La capacité des corps solides ou liquides n'étant pas la même à toutes les températures, on a dû rechercher s'il en était ainsi pour les gaz, et on est fondé à croire que la capacité des gaz pour le calorique reste constante tant qu'ils sont sous la même pression, n'importe alors la température; mais la capacité augmente si la pression diminue, et elle diminue si la pression augmente; suivant cette opinion, on trouve que sous la pression de 4 à 5 millimètres de mercure, l'air a une capacité égale à celle de l'eau.

32. C'est encore soit avec le calorimètre de glace, soit avec celui d'eau que les physiciens ont trouvé les résultats suivans que nous devrons souvent consulter.

Calories.

Pour échauffer d'un degré un kilog. d'eau, il faut.   1

Pour fondre un kilog. de glace.   75

(1) La fraction 1/4 est plus commode dans le calcul; celle 2/9 est plus exacte.

Pour élever de 0° à 100° un kilog. d'eau. . . .   100

Pour former 1 kilog. de vapeur d'eau, l'eau

étant à 0°. 650 (1)

Pour former 1 kilog. de vapeur d'alcool absolu.   255

Pour élever de 0° à 100° un kilog. de fer . . .   11 (2)

Pour élever de 0° à 600° 1 kilog. de fer . . .   75 (3)

Pour élever de 0° au rouge blanc (2000°) un

kilog. de fer   250

Pour élever de 0° à 100° un kilog. d'air. . . .   25

Pour élever de 0° à 100° un kilog. de mer-

cure. . . . . environ   3.

On voit dans ce tableau que ce qui a été dit [21] est
exact, il faut plus de chaleur pour faire un kilogramme
d'eau bouillante que pour chauffer au rouge un kilogramme
de fer.

33. Nous allons actuellement résoudre quelques questions intéressantes qui serviront de modèles pour celles
analogues.

Problème. — Combien de chaleur faut-il pour chauffer
12 bains à 40 degrés, chaque bain étant de 3 hectolitres et
l'eau étant à 0° ?

Un hectolitre = 100 litres, donc les 36 hectolitres =
3600 litres ou kilogrammes ; chaque kilogramme prendra
40 calories, il faut donc 3600 fois 40 calories ; c'est
144000 calories.

Problème. — Dans un local il doit circuler 1600 kilogrammes d'air qu'il faut échauffer de 25°, quelle quantité
de chaleur faudra-t-il ?

Si c'était 1600 kilogrammes d'eau à 25°, il faudrait 1600
fois 25 calories ou 40000 calories, mais pour le même

---

(1) Voir pour cela article [81].

(2) Dans cette limite de température la capacité du fer est 1/9.

(3) Dans cette limite la capacité du fer est 1/8.

poids d'air il ne faut que $\frac{1}{4}$ de cette quantité, la capacité de l'air étant $\frac{1}{4}$ [31]; donc il faut 10000 calories.

Problème.— On veut 120 kilogrammes d'eau à 20 degrés, mais n'ayant pas d'eau on prend 120 kilogrammes de neige à 0°, quelle quantité de calorique faut-il?

Pour fondre 1 kilogramme de glace, il faut 75 calories, donc il faut déjà 120 fois 75 calories pour fondre la glace, d'où 120 $\times$ 75 = 9000.

Chaque kilogramme d'eau pour passer de 0° à 20° prend 20 calories, il faut donc encore 120 fois 20 calories; c'est 120 $\times$ 20 = 2400; en tout il faudra 11400 calories.

Problème. — On a un tuyau en fer à zéro, du poids de 125 kilogrammes, combien faut-il mettre d'eau à 100° dans ce tuyau pour que le tout reste à la température de 60° ?

La capacité du fer est $\frac{1}{9}$, donc il faut $\frac{1}{9}$ de calorie pour échauffer d'un degré 1 kilogramme de fer, et pour l'échauffer de 60 degrés il faut $\frac{60}{9}$ de calorie ou $6\frac{2}{3}$; donc pour 125 kilogrammes de fer, il faudra 125 fois $6\frac{2}{3}$ calories, c'est-à-dire 832 calories, voilà ce que l'eau doit fournir; mais chaque kilogramme d'eau, descendant de 100° à 60°, fournira 40 calories; dès-lors la quantité d'eau nécessaire est 832 divisé par 40, c'est 21 kilogrammes; d'après cela mettant dans ce tuyau 21 kilogrammes d'eau à 100°, un instant après tout sera à 60°.

34. Ce qu'on appelle combustion en général c'est la combinaison d'un corps avec l'oxigène, d'où résulte un dégagement de calorique et quelquefois de lumière; ce calorique est attribué à la condensation qu'éprouve l'oxigène en se combinant; mais très-probablement il y a encore d'autres causes, car celle-ci seule ne peut expliquer d'une manière satisfaisante tous les faits de la combustion. Quoi qu'il en soit, brûler un combustible, c'est le dissoudre dans l'oxigène;

mais c'est ordinairement de l'air qu'on tire l'oxigène nécessaire à la combustion, il est donc utile de rechercher combien
il faut d'air pour brûler une quantité donnée d'un combustible donné.

35. 1 mètre cube d'air se $\begin{cases}$ gaz oxigène 0,210 mètres cubes,
compose de (1) . . . . . . $\end{cases}$ gaz azote 0,790   *idem* ;

d'après cela si on veut calculer le poids d'oxigène et d'azote
qui entrent dans la composition d'un mètre cube d'air, il
faut avoir déterminé par des expériences le poids d'un mètre
cube de chacun de ces gaz; cela ne peut se faire que pour
une température et une pression données, car nous avons
vu que les gaz augmentent de volume en augmentant de température [19], et leur volume à la même température varie
aussi avec la pression qu'ils supportent (2); l'expérience a
donné les résultats suivans.

Poids d'un mètre cube de différens gaz pris dans des con-

---

(1) Ce qui se prouve par l'analyse chimique.

(2) Mariotte, physicien célèbre, a prouvé qu'à une température
constante le volume d'une quantité de gaz est en raison inverse de
la pression qu'il supporte. Par exemple, si on a un mètre cube d'air,
la pression atmosphérique mesurée au baromètre étant de 800 millimètres de mercure, si, la température restant la même, la pression
atmosphérique devient 400 millimètres, le volume de l'air sera doublé;
on en aura donc 2 mètres cubes. Enfin, on aura toujours cette
proportion.

La pression actuelle : la pression primitive : : le volume donné : volume actuel. D'après cela il est aisé de résoudre cette question : on a 4
mètres cubes d'air, le baromètre marque 760 millimètres, il descend
à 640 millimètres, qu'est devenu le volume d'air ? il est donné par la
proportion 640 : 760 : : 4 : x ; de laquelle on déduit $x = \dfrac{760 \times 4}{640}$
$= 4\ 3/4$ mètres cubes ou 4,75.

ditions normales, c'est-à-dire la température étant o° et la pression barométrique 760 millimètres.

	Kilogrammes.
Gaz oxigène . . . . , ...	1,434
azote	1,262
air . . . . . . , ... , . , ...	1,298
acide carbonique	1,974
hydrogène.	0,0894
hydrogène bicarburé.	1,2752
hydrogène proto-carburé.	0,7270
vapeur d'alcool absolu.	2,0958
vapeur d'eau.	0,8100

D'après cela il sera facile de trouver qu'un mètre cube d'air se compose de (1)

	Volume.	Poids
gaz oxigène	0,210 mètres cubes	0,301 kilogrammes.
gaz azote	0,790 *idem.*	0,997 *idem.*
	1 *m. c.*	1,298.

36. Lorsqu'on brûle du charbon dans l'air il se fait du gaz acide carbonique (2), et le tableau précédent fait voir qu'un mètre cube de ce gaz pèse 1,974 kilogrammes; l'analyse chimique démontre aussi qu'un mètre cube de gaz acide-carbonique contient un mètre cube de gaz oxigène, c'est-à-dire qu'en combinant un mètre cube de gaz oxigène avec

(1) En effet, puisque dans un mètre cube d'air il n'y a que 0,21 mètre cube de gaz oxigène, et qu'un mètre cube d'oxigène pèse 1,434 k., le poids d'oxigène d'un mètre cube d'air sera 21 centièmes de 1,434 kilog. ou 1,434 × 0,21 = 0,30114 kilog.; et à cause de ce qu'un mètre cube d'azote pèse 1,262 kilog., et que dans un mètre cube d'air il y a 0,79 de mètre cube d'azote, le poids d'azote est 1,262 × 0,79, c'est 0.99698.
(2) Combinaison d'oxigène et de charbon pur.

le charbon, il ne change pas de volume lorsque la pression
et la température sont constantes; puisqu'un mètre cube
d'oxigène pèse 1,434 kilogrammes, si on déduit ce poids
de celui d'un mètre cube de gaz acide carbonique, on aura
le poids de charbon qui y est en combinaison; c'est donc
1,974 — 1,434 = 0,540 kilog. Ce calcul nous apprend
qu'un mètre cube de gaz acide
carbonique à la température 0°,
et sous la pression 760 millimètres, est composé de. . . . . .

	mètre cube.	kilogram.
gaz oxigène	1	1,434
charbon	»	0,540

37. Combien faut-il de gaz oxigène pour brûler un kilogramme de charbon? est la question que nous nous pro-
posons de résoudre, laquelle en ce moment ne peut offrir
aucune difficulté; ce n'est rien autre que cette proportion
à calculer : pour brûler 540 grammes de charbon il faut
1 mètre cube d'oxigène, combien en faudra-t-il pour en
brûler 1000 grammes, en nombre on a 540 : 1 :: 1000 : x,
d'où on calcule $x = \frac{1000}{540} = 1,851$ mètres cubes; mais
1 m. c. d'oxigène pèse 1,434 kilog.; donc ce volume
pesera 1,434 $\times$ 1,851 = 2,654 kilog.; pour brûler un
kilogramme de charbon, il faut donc 2,654 kilogrammes
d'oxigène lesquels ne changent point de volume, d'où il
résulte alors 1,851 mètres cubes de gaz acide carbonique (1).

38. Quel volume d'air faut-il pour brûler 1 kilogramme
de charbon? est une question facile à résoudre actuellement; en effet, il faut en gaz oxigène 1,851 m. c.; mais
ce gaz ne fait en volume que 21 p. o/o de l'air, ainsi
1,851 m. c. ne fait que 21 p. o/o du volume cherché; ou bien
si l'on en prend la 21e partie, c'est-à-dire $\frac{1,851}{21} = 0,0882$ m. c.,

---

(1) On peut vérifier ce calcul ainsi : un mètre cube d'acide carbonique pèse 1,974 kilog., donc 1,851 mètres cubes peseront 1,974 $\times$
1,851 = 3,654 kilog.

on aura $\frac{1}{100}$ du volume d'air nécessaire, et par conséquent cent fois ce volume ou 8,82 m. c. est le volume cherché. Retenons donc que pour brûler 1 kilogramme de charbon de bois ou de coke (supposé pur), il faut tout l'oxigène contenu dans 8,82 m. c. d'air, ou en nombre rond, 9 mètres cubes d'air pris dans les conditions normales (1).

39. Ce résultat nous donne un moyen de trouver quel volume d'air il faut pour brûler un kilogramme de bois bien sec (2). Le bois peut être considéré comme formé de 48 p. 0/0 d'eau, et 52 p. 0/0 de charbon [55]; ainsi, brûler un kilogramme de bois sec c'est brûler $\frac{52}{100}$ de kilogramme de charbon, il faudra donc les $\frac{52}{100}$ de 9 mètres cubes d'air ou $9 \times \frac{52}{100} = 4,68$ m. c. (3).

Le bois ordinaire séché à l'air contenant 20 p. 0/0 d'eau toute formée dite humidité, il ne reste donc que 80 p. 0/0 de vrai bois; donc un kilogramme de bois ordinaire exige pour brûler $\frac{80}{100}$ de 4,68 m. c. d'air, c'est $\frac{80}{100} \times 4,68 = 3,75$ mètres cubes.

40. Le combustible le plus ordinaire est la houille, et

---

(1) On pourrait demander quel volume d'air il faudrait pour brûler un kilogramme de gaz hydrogène. On sait d'abord qu'un demi-mètre cube de gaz oxigène brûle un mètre cube de gaz hydrogène, résultat d'analyse chimique; mais un mètre cube d'hydrogène pèse 0,0894 k. [35]; donc le volume d'un kilog. d'hydrogène est $\frac{1}{0,0894}$; c'est 11,185 mètres cubes, qui exigeront alors pour brûler la moitié de leur volume d'oxigène, ou 5,592 m. c. Voici les 0,21 du volume d'air nécessaire : un centième sera alors $\frac{5,592}{21}$ ou 0,2662, et dès-lors les cent centièmes ou le volume nécessaire sera cent fois 0,2662; c'est 26,62 mètres cubes d'air atmosphérique.

(2) Le bois n'est bien sec que s'il a été séché à l'étuve [55].

(3) Il est certain que l'hydrogène et l'oxigène qui forment 48 p. 0/0 du bois très-sec, et qui sont juste dans la proportion nécessaire pour faire l'eau, n'exigent point d'air pour brûler.

nous verrons que la houille contient en matière combustible à peu près 80 p. 0/0 de charbon, et $1\frac{1}{2}$ p. 0/0 d'hydrogène libre [54]; donc pour brûler un kilogramme de houille il faudra d'abord pour brûler le charbon un volume d'air qui soit les $\frac{80}{100}$ de 9 m. c.; c'est alors $\frac{80}{100} \times 9 =$ 7,20 m. c.; puis pour brûler l'hydrogène, comme un kilogramme d'hydrogène exige 26,62 m. c. d'air [38], pour en brûler 0,01 $\frac{1}{2}$ de kilog., il faudra 0,01 $\frac{1}{2}$ de 26,62 ou 0,3993 m. c.; en tout pour brûler un kilogramme de houille, il faut donc 7,20 $+$ 0,40 $=$ 7,60 mètres cubes d'air.

41. Les résultats que nous venons d'obtenir sont rigoureusement ce qu'il faut d'air pour fournir tout l'oxigène absorbé dans la combustion d'un kilogramme de chacun des combustibles usuels, c'est donc un résulat théorique; mais on sait que l'air qui a servi à alimenter la combustion, c'est-à-dire celui qui sort des cheminées des fourneaux, n'est pas entièrement désoxigéné, il contient encore, terme moyen de plusieurs expériences, en volume, 10 $\frac{1}{2}$ p. 0/0 d'oxigène, c'est-à-dire la moitié de ce qu'il en contenait avant la combustion; ainsi, pour brûler un kilogramme d'un combustible usuel, il faudra doubler la dose d'air trouvée ci-dessus, puisque la moitié seulement de l'oxigène est absorbée ordinairement. De là le tableau suivant:

Mètres cubes d'air.

Pour brûler 1 kilog. de charbon ou coke il faut en nombre rond. . . 18

Dito	de bois bien sec.	9 $\frac{1}{2}$
Dito	de bois séché à l'air.. . . .	7 $\frac{1}{2}$
Dito	de houille ordinaire. . . .	15 $\frac{1}{2}$

42. Dans les arts on se procure le calorique par la combustion de certains corps appelés, pour cette cause, combustibles : ces corps sont l'hydrogène, les charbons, la houille, le bois et la tourbe. On conçoit que le même poids de bois et de houille ne donne pas en brûlant la même

quantité de calorique, et cela à raison de leur nature différente; c'est donc une question très-utile à résoudre que
celle-ci : combien de calorique obtient-on par la combustion de chacun des combustibles usuels? Cette quantité,
représentée par un nombre de calories, est ce que l'on
appelle la valeur calorifique du combustible.

43. Pour résoudre cette question on emploie encore le
calorimètre de glace tel que nous l'avons décrit [26] en y
faisant une légère addition; on ménage dans le fond une
ouverture pour le passage de l'air nécessaire à la combustion, et dans le couvercle une ouverture pour évacuer l'air
brûlé (1); on pense bien que pour éviter toute erreur, l'air
doit entrer et sortir à la température zéro, afin de n'ap-
porter ni d'enlever aucune portion du calorique développé
par la combustion (2); les choses ainsi disposées, on place
dans le calorimètre un gramme de combustible dont on veut
déterminer la valeur calorifique, puis on l'y brûle; le calorique à mesure qu'il se dégage fond de la glace, on recueille
toute l'eau qui en provient, et son poids détermine le nombre
de calories dégagées; ainsi, par exemple, supposons qu'en
brûlant un gramme de coke on ait fondu 94 grammes de

(1) D'abord on conçoit que le combustible se pose sur un grillage;
car si on le mettait en contact avec la glace, il ne pourrait brûler.
L'air nécessaire à la combustion est poussé dans l'appareil avec des
soufflets.

(2) Pour cela l'air avant d'entrer circule dans un serpentin entouré de glace fondante; avant de sortir, il circule encore dans un
serpentin entouré de glace fondante, et l'eau qui provient de cette
dernière source est ajoutée à celle qui se trouve dans le calorimètre.
Les résultats, pour être rigoureusement exacts, demanderaient que les
capacités de l'air et de l'acide carbonique fussent égales, à volumes
égaux, car l'air en brûlant garde son volume. Nous avons vu [30]
qu'il n'en était pas tout-à-fait ainsi; mais la différence est peu sensible, et nous n'en tiendrons aucun compte.

glace, alors 1 kilog. de coke aurait fondu 94 kilog. de glace, mais chaque kilogramme de glace prend 75 calories [25], donc, on conclurait de cette expérience qu'un kilogramme de coke donne 94 fois 75 calories, c'est 7050, et alors 7050 calories seraient la valeur calorifique du coke; c'est ainsi qu'a été dressée la table suivante :

Valeur calorifique des combustibles exprimée par les calories obtenues en brûlant un kilogramme de chacun d'eux.

NOMS DES SUBSTANCES.	Kilogrammes de glace fondue.	Calories.
Gaz hydrogène pur..........	295	22 125
Huile de colza épurée (d'après Rumfort)	124	9 300
Suif (d'après Rumfort).	111,58	8 369
Alcool à 42° Baumé (Rumfort).....	82,60	6 195
Charbon de bois pur..........	94	7 050
Coke pur..............	94	7 050
Coke à 10 p. o/o de cendres.	84,6	6 345
Bonne houille 5 p. o/o de cendres [54].	»	6 000
Mauv^e houille 20 p. o/o de cendres[54].	»	4 915
Bois (séché à l'étuve) (1).	48,88	3 666
Bois sec ordinaire 20 p. o/o d'eau [55].	39,10	2 932
Tourbe limoneuse bonne qualité. ...	»	2 000
Charbon de tourbe 20 p. o/o de cendres	80	6 000

44. Quelques-unes des données ci-dessus ne sont pas un résultat direct de l'expérience; ainsi la houille ne peut brûler dans le calorimètre, ce combustible exigeant une température plus élevée pour brûler qu'il ne peut l'avoir dans le calorimètre, à cause du grand refroidissement opéré par le

_____

(1) Tous les bois dans le calorimètre rendent autant, n'importe leur nature [55].

rayonnement vers les parois de l'instrument, rayonnement qui est considérable, ces parois étant à 0°; on a donc dû s'aider du calcul ou d'autres opérations pour ceux-là (1). Voici comment on peut s'y prendre : par exemple, le coke pur a pour valeur 7050 calories, du coke à 10 p. 0/0 de cendres ne donnera donc que 90 p. 0/0 de celui-là, car les cendres sont des matières inertes qui ne produisent aucun effet ; donc, la valeur calorifique de ce coke est les $\frac{90}{100}$ de 7050, c'est donc 6345 calories.

45. Une quantité donnée d'un combustible brûlé dans le calorimètre produit toujours le même résultat, que la combustion soit active ou languissante ; M. Clément a vérifié ce fait. Mais il n'en est pas de même de la température ; celle-ci sera d'autant plus élevée que la combustion sera plus rapide : ainsi dans un même espace brûlez un kilogramme de charbon de bois en une heure ou en quinze minutes, dans les deux cas il se dégagera 7050 calories ; mais dans le premier, la température pourra s'élever à 2000 degrés, tandis que dans le second elle ne s'élevera peut-être qu'à 5 ou 600 degrés. La manière d'opérer la combustion n'est donc pas indifférente au résultat qu'on se propose.

46. Parmi les combustibles, le coke est celui qui produit la plus haute température (l'hydrogène excepté, mais ce n'est pas un combustible usuel); après lui vient le charbon de tourbe s'il est de très-bonne qualité; vient ensuite le charbon de bois, plus il est dense meilleur il est, parce qu'il

---

(1) Il est probable que si au lieu d'alimenter la combustion avec de l'air on l'alimentait avec du gaz oxigène par, on parviendrait à brûler, et très-bien brûler, la houille dans le calorimètre de glace. Les autres expériences qu'on peut faire pour déterminer la valeur calorifique d'un combustible consistent à les employer pour chauffer de l'eau, on sait que chaque kilogramme d'eau chauffé d'un degré est une calorie.

rayonne davantage; après vient la houille, puis le bois, et enfin la tourbe.

47. Certains combustibles brûlent sans flamme (1); tels sont le coke, le charbon de bois, celui de tourbe, certaine espèce de houille, et autres combustibles de cette nature; d'autres brûlent avec flamme, telles sont les houilles grasses (hydrogénées), les bois, la tourbe. Les premiers ne peuvent être employés que s'il s'agit de chauffer au contact; par exemple, dans la réduction des minerais, lorsqu'on jette pêle-mêle dans le fourneau le combustible et le minerai, dans la cuisson de la chaux et du plâtre; là où on dispose alternativement des couches de matière à cuire et des couches de combustible; enfin, dans tous les cas où l'on attend un résultat du rayonnement. Les combustibles à flamme au contraire seront utilisés toutes les fois qu'il s'agira de chauffer à distance, comme pour le chauffage des chaudières à évaporer ou à vaporiser des liquides, parce que la flamme doit circuler autour de la chaudière; dans la fusion des métaux dans les fours à réverbères, où la flamme seule vient chauffer le métal; dans la calcination des sels et autres produits, qui se fait encore dans des fours à réverbères; dans la cuisson des porcelaines, des poteries, où il s'agit de chauffer à de très-grandes distances; dans les verreries, parce que le creuset ne peut être en contact avec le combustible, etc.

48. On voit d'après cela que le choix d'un combustible n'est pas une simple spéculation, et que la valeur calorifique [43] n'est pas la seule qui doive déterminer, il faut encore avoir égard à l'intensité de température qu'on veut

---

(1) Ce sont ceux qui ne contiennent pas de gaz hydrogène; si le charbon de bois brûle quelquefois avec flamme, c'est qu'il contient déjà un peu d'hydrogène et de l'humidité, l'eau se décompose à cette température.

obtenir, et au mode de chauffage qu'on pourra employer ; ainsi, celui qui, parce que les deux kilogrammes de bois coûtent moins qu'un kilogramme de coke et produisent autant de calorique, croirait devoir prendre le bois dans le traitement des minerais, ne réussirait pas, la température obtenue ne serait pas assez élevée pour arriver au but.

49. Dans ces derniers temps on a trouvé le moyen de faire brûler avec flamme des combustibles qui le font ordinairement sans flamme ; pour cela il faut introduire à travers le combustible, dessous la grille, de la vapeur d'eau mélangée avec l'air qui alimente la combustion (1) : en traversant le coke, le charbon, etc., elle se décompose à raison de la haute température, et l'hydrogène provenant de cette décomposition brûle avec flamme. Ce moyen a été mis en pratique chez M. Payen, un des manufacturiers les plus distingués de Paris, et dans les usines à gaz de Londres où il a réussi complétement. Dans ces dernières on chauffe les cornues qui contiennent la houille à distiller, au moyen du coke provenant des distillations antérieures ; mais il faut de la flamme pour envelopper les cornues : dès-lors, en faisant passer, à travers ce coke en combustion, de la vapeur d'eau, il brûle avec flamme (2). Ce moyen sera profitable dans plusieurs localités, dans lesquelles, pour certaines opérations, on faisait venir à grands frais des combustibles donnant de la flamme, tandis qu'on en possédait qui n'en donnent pas.

50. Le coke varie de qualité avec la houille dont on l'ex-

(1) On peut aussi quelquefois si les goudrons ou résines sont communes, en imprégner ou saupoudrer le combustible qui brûle alors avec flamme.

(2) Ainsi l'eau donne de la flamme, cela est incontestable. Il serait bien intéressant de reconnaître si par ce moyen il y a du calorique dégagé, ou s'il y en a d'absorbé : on n'a rien à cet égard de positif.

trait et la méthode employée à le faire. Les houilles hydrogénées, c'est-à-dire celles qui contiennent de l'hydrogène
libre, fournissent un coke boursouflé occupant un plus
grand volume que la houille ; ce coke est gris et brillant, il
s'allume aisément, et sa combustion se continue, ce qui lui
fait donner la préférence pour les usages domestiques. Il
s'obtient en grande partie par la distillation de la houille en
vases clos pour l'éclairage. Une houille peu hydrogénée,
ou dans laquelle l'hydrogène et l'oxigène sont presque dans
la proportion qui constitue l'eau, fournit un coke fritté qui
occupe moins de volume que la houille : ce coke est plus
dense que le coke boursouflé; et, sous ce point de vue,
il est préféré pour le chauffage des fourneaux d'usine; enfin
si la houille contient de l'oxigène et de l'hydrogène dans
les proportions de l'eau, elle donne un coke pulvérulent
d'un moindre volume qu'elle, et s'allumant difficilement;
le coke brûle sans flamme, dès-lors il ne peut produire
qu'une température locale ; mais elle est très-intense, à
cause de cela même, à cause de sa densité, et parce que le
pouvoir rayonnant du coke est supérieur à celui de tous les
autres combustibles.

Plus il est dense plus il donne une température élevée,
c'est pour cette raison que, dans les travaux métallurgiques,
on préfère les cokes frittés; les cokes boursouflés s'allument
mieux, ce qui doit être à cause de leur porosité qui offre
plus d'action à l'air, et dans ce cas on les préfère pour le
chauffage d'appartement. Le coke ordinaire contient de
8 à 12 p. o/o de cendres; la houille rend de 40 à 50 p. o/o
de son poids de coke. Un hectolitre de coke mesuré comble
pèse, terme moyen, 30 kilogrammes.

51. Les charbons de bois diffèrent entre eux ; les plus
denses proviennent des bois denses, du chêne, du hêtre,
du charme et du bouleau; les moins denses proviennent du
sapin, du pin; la manière de le faire apporte aussi des mo-

difications dans la densité. Lorsque le charbon est bien fait
il est sonore, et présente une cassure noire et brillante. On
obtient du charbon de bois une moindre température que
du coke, d'abord parce qu'il est moins dense, et parce que
son pouvoir rayonnant est beaucoup moindre. Dans les travaux métallurgiques, on doit prendre de préférence les charbons les plus denses. Le charbon de bois s'allume facilement,
et brûle même à une température assez basse ; exposé à
l'air, il en absorbe une certaine quantité et de l'humidité,
ce qui lui donne du poids sans lui donner de la qualité, mais
il n'est plus aussi sonore.

Le bois fournit, suivant les procédés, de 15 à 25 p. o/o de
son poids en charbon, qui ordinairement contient de 1 à 3
p. o/o de cendres. Un hectolitre de charbon de chêne pèse,
terme moyen, 19 kilogrammes ; un hectolitre de charbon
de bouleau pesera, terme moyen, 17 kilogrammes ; et un
hectolitre de charbon de pin ou de sapin ne pèse que 10 kilogrammes moyennement.

52. Le charbon de tourbe qu'on obtient en carbonisant
la tourbe dans des fours est un bon combustible ; sa densité
est très-grande, puisqu'un hectolitre de ce charbon pèse
45 kilogrammes terme moyen ; il produit une plus haute
température que le charbon de bois. On peut s'en servir dans
les forges des maréchaux pour souder du fer ; il rend le
même service que la houille. Ce charbon contient toujours
au moins 20 p. o/o de cendres, et très-souvent plus. Dans
un grand nombre de pays il peut rendre beaucoup de ser-
vices, on l'emploierait avec succès chez les maréchaux, les
fondeurs en cuivre, et aux usages domestiques. La tourbe
bonne qualité donne environ 25 p. o/o d'un charbon qui
contient 5 de cendres, c'est-à-dire 20 p. o/o.

53. L'anthracite est un combustible très-abondant en
France, qui brûle sans flamme, mais très-difficilement ;
cela est dû à sa densité qui est 1,8, et à ce qu'il ne con-

4

tient aucune substance gazeuse ; s'il contenait un peu d'hydrogène ou d'eau, en se dégageant par la chaleur il ouvri-
rait des pores ou l'air pénétrerait ; mais il n'en est pas ainsi ;
alors ce charbon ne peut brûler qu'à sa surface, dès-lors il
ne peut le faire qu'à une haute température et très-difficilement. Dans ces derniers temps cependant on est parvenu
à l'utiliser, et à l'exposition des produits de l'industrie en
1827 on remarquait un morceau de fonte de fer provenant
d'un minerai traité avec l'anthracite, En broyant ce charbon
et en le mélangeant avec d'autres combustibles on en tire-
rait probablement un bon résultat. Il contient en général 92
p. o/o de charbon pur, le reste ce sont des cendres.

54. La houille est le combustible dont l'usage est le plus
général, elle brûle avec flamme, à l'exception d'une certaine
variété dite houille sèche, qui, ne contenant pas d'hydrogène libre, brûle sans flamme ; sa combustion ne se fait bien
qu'à une température assez élevée, 1000 à 1200°, ce qui
tient à sa densité qui est assez considérable, puisqu'un hectolitre de houille mesuré ras pèse 84 kilogrammes terme moyen.
La température qu'on peut obtenir de la houille est fort élevée, moins cependant que du coke. Lorsqu'elle est grasse,
c'est-à-dire lorsqu'elle se boursoufle et fond en brûlant, ce
qui tient à ce qu'elle contient au moins 1 $\frac{1}{2}$ p. o/o d'hydrogène libre, elle est principalement employée pour l'éclairage et chez les maréchaux, parce que, dans ce cas, la
masse de houille mise sur le foyer y prend une demi-fusion,
et forme alors au-dessus du fer une voûte solide que le
vent des soufflets ne rejette pas au loin ; dès-lors le rayonnement se fait beaucoup mieux, il semble que le fer est dans
un four voûté ; telles sont les houilles de Saint-Étienne. La
houille moins grasse, c'est-à-dire contenant moins d'hydrogène libre, se boursoufle moins ; elle est préférée sous les
fourneaux à évaporer, parce qu'elle fournit plus de chaleur
rayonnante, son charbon étant plus dense. La houille mai-

gre est celle qui ne contient pas d'hydrogène libre : elle brûle difficilement, offre un grand déchet, parce que son charbon est pulvérulent.

Dans les travaux métallurgiques, dans les hauts-fourneaux, par exemple, on n'emploie pas la houille, parce qu'elle s'agglutinerait aux parois des fours, et formerait une masse que le vent des soufflets ne traverserait que très-difficilement; une autre cause s'y ajoute encore, beaucoup de houilles sont pyriteuses (1). Dès-lors elles fournissent à la combustion du soufre et de l'acide sulfureux qui altéreraient les produits.

La composition de la houille est très-variable; une très-bonne houille grasse est composée ainsi qu'il suit :

Sur 100 grammes
- charbon. . . . 80
- hydrogène. . . 1,50 (dans les proportions de l'eau (2).
- oxigène 12,00
- hydrogène libre 1,50
- cendres 5,00

100,00

On peut d'après cela calculer approximativement sa valeur calorifique; d'abord sur 1 kilogramme il y aura 800 grammes de charbon qui fourniront $\frac{80}{100}$ de 7050 calories [43], qui sont 5640 calories, puis 15 grammes d'hydrogène et 120 grammes d'oxigène qui sont dans les proportions pour constituer l'eau et dès-lors ne fournissent point de calorique, la vapeur d'eau formée en enleverait plutôt; mais il reste encore 15 grammes d'hydrogène libre, qui, à raison de 22125 calories pour un kilogramme, donneront

(1) C'est à cette cause qu'il faut attribuer leur inflammation spontanée dans les houillères, et lorsqu'elles sont entassées dans des cours.

(2) Le rapport en poids est :: 111 : 889, ou plus simplement :: 1 : 8.

4*

$\frac{15}{1000}$ de 22125 ou 332 calories, c'est donc en tout 5640 + 332 = 5972 calories (1).

Il y a des houilles qui contiennent jusqu'à 20 p. o/o de cendres (2), en général ce sont les houilles qui contiennent du sulfure de fer, et qui pour cela sont les moins estimées.

Il est reconnu que la houille mouillée a augmenté de poids et de volume, il convient donc, lorsqu'on l'achète, de s'assurer dans quel état elle est.

55. Le bois est un des combustibles les plus usuels à cause de son abondance; il brûle avec flamme, et cette flamme diffère avec la nature du bois; les bois denses donnent une flamme peu allongée mais plus nourrie, et comme leur charbon est plus dense que celui des bois légers, il rayonne beaucoup plus et chauffe davantage, mais plus localement; les bois légers, au contraire, donnent une longue flamme, fugace en quelque façon; leur charbon très-léger rayonne peu, en sorte que la chaleur est répartie assez également sur un grand espace, ce qui convient quelquefois, par exemple dans le chauffage des fours des boulangers.

Jamais on n'obtient une très-haute température avec le bois; cela doit être. Le bois, sur 100 grammes, ne contient que 52 grammes de charbon et 48 grammes d'oxigène

(1) Le nombre 6000 adopté dans la table [43] diffère peu de celui-là, et la différence peut dépendre de la chaleur emportée par la vapeur d'eau formée, et aussi de ce que dans la combustion il se forme des gaz (hydrogène carboné, oxide de carbone) qui peuvent faire varier ces résultats; en somme ce serait de fort peu, et les différentes compositions de houille ameneront toujours des différences plus grandes que celle-là.

(2) Alors il ne reste que 65 p. o/o de charbon; et la valeur calorifique est diminuée de 15 p. o/o de 7050 calories, et réduite à 5972 — 1057 ou 4915 calories.

et d'hydrogène dans les proportions de l'eau (1); dès-lors on ne peut brûler 100 grammes de bois sans faire 48 grammes de vapeur d'eau ou l'équivalent, qui emportent une quantité fort notable de la chaleur dégagée dans la combustion des 52 grammes de charbon restant.

Il faut encore ajouter que le bois ordinaire qu'on appelle bois sec (coupé et fendu depuis 3 années) contient 20 p. 0/0 d'eau, on ne peut l'en priver que par un séchage à l'étuve; ainsi sur 100 grammes de ce bois on ne brûle que 80 grammes de bois réel, c'est alors 42 de charbon et 38 d'eau, en tout 38 + 20, c'est-à-dire 58 grammes d'eau à mettre en vapeur.

Telles sont les causes pour lesquelles le bois ne procure jamais une haute température; on a voulu s'en servir pour la fabrication du fer, et on n'y a pas réussi; on s'en sert dans les fours de verreries, parce qu'il faut chauffer à distance, mais alors on le coupe en fort petits morceaux et on le fait sécher près des fours, quelquefois même dans des étuves, afin d'obtenir du bois sec donnant la plus haute température possible.

Dans le calorimètre tous les bois donnent la même valeur calorifique, ce qui devait être; mais dans l'usage il n'en est pas ainsi; en général, 1,7 kilogr. de bois dur et bien sec équivaut à 1 kilogramme de houille, ou bien 2,3 kilogrammes de bois séché à l'air équivalent à 1 kilogramme de houille ordinaire.

Un stère de bon chêne, hêtre, bouleau, séché à l'air, pèse, terme moyen, 450 kilogrammes.

_____

(1) Il y a toujours aussi quelques traces de cendres. Tous les bois, sans exception, sont dans ce cas; c'est absolument la même composition; mais il faut prendre du bois bien sec, et il ne peut l'être que s'il a été exposé à une température de 100 degrés dans une étuve.

Un stère de bois de sapin, gros bois séché à l'air, pèse moyennement 325 kilogrammes; un stère de bois pour charbonnage (jeunes branches, etc.,) pèse ordinairement 225 kilogrammes.

56. La tourbe est un combustible extrêmement abondant; il est peu estimé, 1° parce qu'en brûlant il répand une mauvaise odeur, mais en construisant les fourneaux convenablement, cet inconvénient pourrait disparaître; 2° parce qu'il laisse une très-grande quantité de cendres, ce qui exige de faire des grilles et des foyers en conséquence; 3° enfin parce qu'il ne donne qu'une faible température, du moins cette opinion est générale, mais elle est erronée; d'abord la tourbe, à poids égal, contient autant de charbon que le bois, sa combustion est plus lente que celle du bois, mais aussi elle est plus uniforme; il n'est pas besoin de l'attiser, une fois allumée, et elle l'est aisément, elle brûle complétement sans soin; la chaleur rayonnante de la tourbe est supérieure à celle du bois, ce qui, probablement, est dû aux matières terreuses qu'elle contient en grande quantité; enfin lorsque la tourbe est bien sèche, et surtout si elle a été comprimée, elle est capable de produire une température encore assez élevée. Il existe plusieurs verreries dont les fours sont chauffés avec de la tourbe.

Sa composition est excessivement variable; la plus ordinaire fournit à la distillation, sur 100 grammes, 20 grammes de charbon et 20 grammes de cendres, le reste forme des produits liquides et gazeux, à peu près de même nature que ceux donnés par le bois.

57. Après avoir examiné les combustibles en général et chacun d'eux en particulier, nous donnerons ici des tableaux qui sont un résultat de cet examen.

Valeur calorifique d'une mesure des combustibles usuels.

Calories.

Un hectolitre de charbon de chêne ou hêtre donnera
19 fois 7050 (1) ou.. . . . . 133950.

Idem bouleau 17 fois 7050 . . . . 119850.

Idem pin 10 fois 7050. . . . . 70500.

Idem de coke à 10 p. o/o de cendres 30 fois 6345. . . . 190350.

Idem de charbon de tourbe, à 20 p. o/o de cendres,
45 fois 6000. . . . . 270000.

Idem de houille grasse ordinaire 84 fois 6000 . . . . . 504000.

Un stère de bois de chêne, hêtre, bouleau, gros bois,
bien séché à l'air, 450 fois 2932.. . . . . 1319400.

Un stère de bois de sapin, gros bois séché à l'air, 325
fois 2932 . . . . 952900.

1000 kilogrammes de tourbe bien séchée à l'air (2).. . 2000000.

Combinant les résultats consignés dans ce tableau avec le
prix des combustibles, on aura (3)

1 franc de	à	produira en calories
Charbon de chêne. . .	4 fr. l'hectolitre (4). . .	33487,

(1) Un hectolitre de charbon de chêne pèse, terme moyen, 19 kilogrammes, et chaque kilogramme donne 7050 caloriques [43].

(2) Mille kilogrammes de tourbe forment à peu près une demi-corde.

(3) Ce tableau est calculé pour les prix à Paris; dans d'autres localités, il changerait.

(4) La voie de charbon de bois à Paris est de deux hectolitres ras. Pour 1 fr. on a donc un quart d'hectolitre, ou en poids $\frac{19}{4} = 4,75$ kilogrammes, ce qui à 7050 calories par kilogramme produit $7050 \times 4,75 = 33487$ calories.

Coke	2,85 *idem.*	66789,
Charbon de tourbe . . .	5 *idem*	54000,
Houille	4,40 (1) *idem*	114545,
Bois de hêtre	18 fr. le stère (2)	73300,
Tourbe	7,50 les mille kilog . . .	266666.

58. Le thermomètre tel que nous l'avons examiné [5, 6, 7] ne peut servir qu'à mesurer des températures assez faibles ; on ne pourrait placer cet instrument dans un four à fondre les métaux pour en connaître la température, car il y serait détruit; pour mesurer de hautes températures Wedgewood a imaginé un instrument qui porte le nom de pyromètre de Wedgewood, et qui consiste en deux règles de cuivre A B , A' B' (*fig.* 9), placées non parallèlement sur une plaque métallique; on fait alors de petits cylindres d'argile dans un moule pour qu'ils soient tous égaux entre eux, puis on les fait dessécher complétement à la température de 100 degrés; c'est alors que ces cylindres, présentés dans la rainure formée par les deux règles, et qu'on appelle la jauge, doivent être tels qu'ils s'arrêtent à l'entrée en B B' où correspond le zéro de cet instrument (3); ces règles d'ailleurs sont divisées en un certain nombre de parties qu'on appelle degrés du pyromètre.

59. Cela posé, veut-on mesurer la température d'un four: on met dans ce four un des cylindres, tout corps ex-

_____

(1) La voie de houille à Paris est 15 hectolitres ras ou 12 hectolitres combles.

(2) La voie de bois à Paris est deux stères, un peu plus d'une demi-corde ancienne.

(3) On conçoit encore qu'il est nécessaire, pour que tous les pyromètres soient comparables, de prendre toujours la même nature d'argile ; aussi l'auteur a-t-il prescrit la composition de cette argile et le mode de la travailler ; elle doit être réduite en poudre et bien malaxée avant le moulage des petits cylindres.

posé au feu augmente de volume ; mais ici il y a une action différente : les élémens de l'argile se combinent plus intimement ou dans un autre ordre, d'où il résulte contraction du volume ; elle est d'autant plus grande que la température a été plus élevée : si alors on apporte dans la jauge le cylindre qui a été dans le four, il s'y enfonce à une certaine profondeur, d'où on conclura la température à laquelle il a été exposé (1).

60. D'après Wedgewood, le zéro de son pyromètre correspond à 580 degrés centigrades, et chacun des degrés du pyromètre équivaut à 72 degrés centigrades. Cette opinion est erronée, et il sera facile de le prouver. On sait, par exemple, que le fer fond au 130° degré du pyromètre, ainsi la température du fer fondu serait 130 fois 72 degrés, c'est 9360° plus encore les 580 degrés qui correspondent au zéro ; ainsi, d'après Wedgewood, le fer ne fondrait qu'à une température de 9940°. Cela est absurde, car il est impossible d'obtenir une telle température, comme il va être démontré.

61. On sait qu'un kilogramme de charbon brûlé dans le calorimètre ne donne que 7050 calories [43], et que pour le brûler il faut 18 mètres cubes d'air ; mais un mètre cube pèse 1,298 kilogrammes [35], donc 18 mètres cubes d'air pèsent 23,36 kilogrammes ; c'est donc à répartir 7050 calories dans ce poids d'air, et voir quelle température on obtiendrait dans les conditions les plus favorables, c'est-à-dire si tout brûlait presque instantanément. Si c'était de l'eau, la température serait 7050 réparties en 23,36 kilogrammes, ou $\frac{7050}{23,36} = 302°$ environ, mais ce n'est pas de l eau, c'est

---

(1) Ce qui prouve que l'argile a éprouvé une action chimique, c'est que ces petits cylindres exposés à l'air ne reprennent plus leur volume primitif, même quand on les imprégnerait d'humidité.

de l'air qui à poids égal n'a que $\frac{1}{4}$ de capacité [31], la température sera donc 4 fois 302°, c'est-à-dire 1208° (1). Quand on admettrait même qu'au lieu de 18 mètres cubes d'air qu'il faut pratiquement pour brûler un kilogramme de charbon, on n'en prendrait que 9 kilogrammes qui est la quantité théorique, en supposant tout l'air désoxigéné, toujours est-il que la température ne pourrait s'élever qu'au double ou 2416°, ce qui est bien loin de 9940° que Wedgewood attribue au fer fondu.

Quoi qu'il en soit, on peut se servir du pyromètre pour mesurer les hautes températures; il suffit de savoir que le rapport des degrés de cet instrument à ceux du thermomètre centigrade, indiqué par son auteur, est inexact, l'instrument n'en sera pas moins utile.

62. Il existe une méthode plus sûre d'apprécier la température des fours à fondre les métaux et autres du même genre; elle est fondée sur la connaissance de la capacité des corps pour le calorique. Supposons qu'on veut connaître la température d'un four à porcelaine: on met dans ce four un morceau de fer qu'on a eu soin de peser avant : je suppose qu'il pèse 3,5 kilogrammes, on l'y laisse chauffer, et durant ce temps on met un poids connu d'eau, 10 kilogrammes par exemple, dans un vase, on prend la température de cette eau, soit 20°; les choses ainsi préparées, reti-

(1) Si on voulait traiter cette question avec la rigueur mathématique, il faudrait observer qu'après la combustion ne n'est plus de l'air qu'on obtient, mais un mélange d'azote, d'oxigène et d'acide carbonique; le poids a augmenté de tout le charbon combiné, ainsi ce n'est plus 25,36 kilogrammes; mais il faut dire aussi que la capacité de l'acide carbonique est moindre que celle de l'air; en sorte qu'il y a sensiblement compensation entre l'augmentation en poids et la diminution en capacité, notre résultat ne peut donc être loin de l'exacte vérité.

rez le morceau de fer du four et plongez-le rapidement dans le vase, l'eau contenue s'échauffe, et soit $46°\frac{1}{4}$ sa température, elle a donc gagné $26°\frac{1}{4}$; c'est dès-lors $26\frac{1}{4}$ calories par kilogramme, ou pour 10 kilogrammes c'est $262\frac{1}{2}$ calories : ainsi, 3,5 kilogrammes de fer ont apporté dans l'eau $262\frac{1}{2}$ calories, un kilogramme de fer n'en eût apporté que $\frac{262\frac{1}{2}}{3\frac{1}{2}} = 75$ calories, cette quantité de chaleur appliquée à de l'eau lui donnerait $75°$; mais la capacité du fer est $\frac{1}{8}$ de celle de l'eau [28, 29], donc la température est 8 fois 75 degrés ou 600 degrés.

63. Voici donc un moyen de reconnaître la température d'un four; si elle était élevée et que le fer pût y fondre, on prendrait un morceau de platine, qui peut supporter les plus hautes températures sans entrer en fusion ni s'altérer; on pourrait même avoir, pour que l'expérience fût la plus simple possible, une sphère en platine pesant un gramme ou un décagramme qu'on plongerait dans un vase contenant exactement 1 kilogramme d'eau : de cette manière la mesure de la température des fours devient facile.

64. Pour terminer cet article résolvons un problème qui nous guidera pour en résoudre d'analogues.

Voulant connaître la température d'un fourneau à fondre le verre, on a mis dans un scau 6 kilogrammes d'eau à 12°; ayant pris une cuillerée de verre fondu on l'a jetée de suite dans l'eau, et sa température s'est élevée à 28 degrés; le verre refroidi étant pesé, il s'en est trouvé 0,4 kilogrammes : on demande la température dudit verre?

6 kilogrammes d'eau ont été portés de 12° à 28°, ce qui fait une augmentation de température de 16°; 0,4 kilogrammes de verre ont donc cédé à l'eau 6 fois 16 calories ou 96 calories. C'est $\frac{96}{4} = 24$ calories par dixième de kilogramme, ou pour un kilogramme c'est 10 fois 24, c'est-à-

dire 240 calories; la capacité du verre n'étant que $\frac{1}{5}$ (1), chaque calorie donne 5 degrés, donc la température était 240 fois 5 degrés ou 1200°.

---

(1) Comme en général la capacité des corps augmente dans les températures élevées, il est probable que ce n'est plus un cinquième qui est la capacité du verre à cette température, mais un peu plus; ce qui fait que notre résultat est sans doute trop fort, cela ne peut être cependant que de très-peu.

DEUXIÈME SECTION.

Généralités sur les vapeurs; elles se forment à toute température, et leur densité est indépendante du milieu; force élastique de la vapeur d'eau par Dalton ; phénomènes que présente un espace saturé de vapeur ; évaporation , ébullition et vaporisation ; force élastique de la vapeur d'eau au-dessus de cent degrés ; chaleur constituante des vapeurs; volume occupé par un kilogramme de vapeur d'eau à diverses températures ; vitesse de la vapeur.

65. Tous les corps sont susceptibles, en se combinant avec le calorique, de se convertir en un fluide élastique qu'on nomme vapeur; ce phénomène est général, mais il est bien plus marqué pour les liquides que pour les solides, la vapeur fournie par ces derniers étant si rare qu'on a peine à constater son existence.

66. Les vapeurs ne diffèrent des gaz dits fluides élastiques permanens, qu'en ce qu'elles peuvent repasser à l'état liquide par le refroidissement ou par une forte compression; du reste, on sait maintenant que certains gaz se comportent de même.

67. Les vapeurs se forment à toute température, et la densité ou la tension qu'elles acquièrent est entièrement indépendante du milieu dans lequel elles prennent naissance; il n'y apporte qu'un obstacle mécanique qui ne peut faire varier que la durée de la production de la vapeur. Voici comment on peut vérifier ce fait important :

Ayez un ballon A (*fig.* 10), muni d'un baromètre B, d'un thermomètre D et d'un robinet à chambre C (1);

---

(1) Le bouchon d'un robinet à chambre n'est pas percé; on y a simplement creusé une petite cavité ; alors on peut introduire dans le ballon le liquide dont on remplit cette cavité sans laisser entrer ni sortir de l'air dudit ballon.

supposons ce ballon rempli d'air sec, si on y introduit quelques gouttes d'eau, bientôt elles vont se convertir en vapeur, et celle-ci ajoutant sa force élastique à celle de l'air, le mercure s'élevera dans le tube barométrique d'une quantité qui mesurera la tension de la vapeur d'eau formée; cela fait et tout étant devenu stationnaire, notez cette force élastique de la vapeur et la température, puis remplissez le ballon d'un gaz, quel qu'il soit, bien sec (1) et sous une pression quelconque; dès-lors, introduisant encore quelques gouttes d'eau par le moyen du robinet à chambre, elles vont se convertir en vapeur dont la tension sera mesurée par la hauteur de laquelle s'élevera le mercure dans le tube barométrique, et on verra, si la température est restée constante, que cette tension est la même que la précédente; enfin, si on répète cette expérience, le ballon contenant déjà des vapeurs d'éther, d'essence ou autre, les résultats seront encore rigoureusement les mêmes; allant encore plus loin, si pour faire cette expérience on vide le ballon et on le dessèche, à cause du vide le mercure se met de niveau dans les deux branches du tube barométrique; introduisant de nouveau quelques gouttes d'eau dans l'appareil, la vapeur se forme instantanément, et mesurant sa tension par l'élévation du mercure, on voit qu'elle est toujours la même, en supposant la température restée constante (2). Ainsi la production de la vapeur s'opère en toute circonstance, et sa tension et par suite sa densité sont indépendantes de toute autre cause que la température; seulement on remarque que

---

(1) On dessèche un gaz en le faisant passer à travers du chlorure de chaux; s'il n'était pas bien sec, le peu de vapeur qu'il contiendrait introduirait des erreurs dans les observations.

(2) Il faut à chaque fois introduire assez d'eau dans le ballon pour qu'il en reste un excédant, afin que l'espace soit complétement saturé de vapeur.

plus le milieu dans lequel la vapeur se forme est dense, et plus sa production est lente.

Dans ce même appareil, en variant les expériences avec divers liquides et à diverses températures, on reconnaît que plus la température est élevée, et plus la force élastique de la vapeur formée est grande, mais pour une température et un liquide donnés, cette force élastique est constante.

68, Après avoir constaté ces faits, il devenait utile de mesurer la force élastique des vapeurs à toutes les températures; c'est un travail qui a été entrepris par M. Dalton, lequel a dressé expérimentalement la table suivante pour la vapeur d'eau.

Table de la force élastique de la vapeur d'eau à toute température, depuis — 20° jusqu'à 100° (1).

Température centigrade.	Tension mesurée en millimètres de mercure.	Température centigrade.	Tension mesurée en millimètres de mercure.
— 20	1,333	40	52,998
— 15	1,879	45	68,751
— 10	2,631	50	88,743
— 5	3,660	55	113,71
0	5,059	60	144,66
5	6,947	65	182,71
10	9,475	70	229,07
15	12,837	75	285,07
20	17,314	80	352,08
25	23,090	85	431,71
30	30,643	90	525,28
35	40,404	95	684,27
		100	760,00

(1) On n'a mis ici les résultats que de 5 degrés en 5 degrés; mais M. Dalton les a donnés de degré en degré. (Voir cette table dans le Traité de Physique de M. Pouillet, tom. I, pag. 331.)

L'appareil dont il s'est servi à cet effet est représenté (*fig.* 11); il consiste en deux tubes de Toricelli A, B, entourés par un manchon en verre rempli d'eau dans laquelle sont plongés des thermomètres pour indiquer la température; cela posé, il fait passer dans le tube B quelques gouttes d'eau (1), elles s'élèvent bientôt au-dessus du mercure, et se trouvant dans le vide barométrique la vapeur se forme instantanément et atteint son maximun de force élastique, dès-lors la colonne de mercure est déprimée et s'abaisse d'une quantité qui mesure la tension de cette vapeur; cet abaissement est la différence de hauteur entre les sommets des deux colonnes de mercure A et B, et peut se mesurer rigoureusement (2). Pour échauffer au degré convenable à ses expériences l'eau contenue dans le manchon C, il y fait arriver, vers le fond, un courant de vapeur d'eau; c'est ainsi qu'il a pu mesurer la tension de la vapeur d'eau à toute température jusqu'à 100 degrés.

Ce même appareil pourrait être employé pour déterminer la force élastique de toutes les vapeurs, mais celle de l'eau est la seule qui nous intéresse essentiellement.

69. La vapeur d'eau ne se laisse pas comprimer si l'espace qu'elle occupe en est saturé et si la température est constante. Pour développer ce principe, imaginons un espace saturé, c'est-à-dire un espace dans lequel il ne se forme plus de vapeur malgré qu'il y a excédant de liquide; si par un moyen quelconque on vient à diminuer la grandeur de cet espace, la vapeur, au lieu de diminuer de volume et d'augmenter proportionnellement de force élastique comme

(1) On le fait aisément avec une pipette.
(2) Pour cela on emploie une lunette qui a été décrite [18] (*fig.* 7). Il faut nécessairement tenir compte de la dilatation de la colonne de mercure par l'élévation de température.

le ferait un gaz, se condensera en partie; si au contraire
on augmente cet espace, il se forme une nouvelle quantité
de vapeur pour le saturer, en sorte que la quantité de vapeur qui peut exister dans un espace donné pour une température donnée est proportionnelle à cet espace: on vérifie
ce fait aisément; ayant introduit un peu d'eau dans un
tube barométrique A (*fig.* 12), le mercure est déprimé
par la tension de la vapeur; si alors on enfonce ce tube davantage dans la cuvette B qui est remplie de mercure et très-
profonde à cette fin, la vapeur au lieu de se comprimer se
condensera en partie, ce qu'on verra par le liquide de condensation qui se réunira au-dessus du mercure; si au contraire on soulève le tube A, l'espace devenant plus grand, il
se formera de la vapeur (en supposant que le liquide ne
manque pas), en sorte que l'espace, quel qu'il soit, restera
saturé de vapeur à la même tension, car dans toutes les
positions la dépression du mercure par la vapeur est la
même.

Lorsqu'un espace n'est pas saturé, ce qui ne peut être
que s'il manque de liquide, si on l'augmente ou le diminue,
comme on pourrait le faire dans un cylindre avec un piston,
la vapeur se raréfie ou se comprime, et alors elle suit la loi
de Mariotte sur les gaz, c'est-à-dire que sa force élastique
est en raison inverse du volume qu'elle occupe, toujours en
supposant une température constante (1).

_____

(1) N'est-il pas évident d'après cela que vapeur et gaz c'est la
même chose, seulement ces derniers sont fort éloignés du point de
la saturation. D'ailleurs, aujourd'hui il reste peu de gaz qui n'ait
été liquéfié soit par le refroidissement, soit par la pression, ou tous
deux simultanément. C'est ainsi qu'en abaissant la température à
—11° et sous une pression de 20 atmosphères, on liquéfie le gaz acide
carbonique; à la température 7° sous une pression de 3,6 atmosphères on liquéfie le cyanogène, etc.

Un espace saturé de vapeur ne le sera plus si on augmente sa température, à moins qu'il n'y ait du liquide, auquel cas il se formerait de la vapeur jusqu'à saturation; si
au contraire on abaisse la température, il sera plus que saturé, et alors il y aura précipitation d'une partie de cette
vapeur (1).

70. La vapeur se produit dans des circonstances différentes : on dit qu'il y a évaporation lorsqu'elle se dégage
lentement et sans mouvement du liquide, ce qui arrive
toutes les fois qu'on expose un liquide à l'air libre : on sait
qu'alors il s'évapore spontanément, car au bout de quelques
jours tout le liquide a disparu du vase qui le contenait; en
échauffant doucement un liquide il s'évapore de même.

71. Il y a vaporisation lorsque la vapeur se dégage du
liquide en soulevant la masse et y excitant un mouvement
intérieur plus ou moins considérable; on dit alors que le
liquide est en ébullition et qu'il se vaporise. Nous verrons
bientôt dans quelles conditions l'ébullition a lieu.

72. Long-temps on a cru que l'évaporation était un résultat de l'affinité de l'air pour le liquide; aujourd'hui on sait
et nous avons vu qu'il n'en est pas ainsi, puisque dans l'air,
dans tous les gaz ou dans le vide, l'évaporation a lieu de

---

(1) Si un espace dans lequel il existe de la vapeur n'est pas dans
toutes ses parties à la même température, la tension de la vapeur
sera celle qui correspond à la température minimum ; ce qui doit
être, puisque l'équilibre de pression s'établit toujours, et qu'alors
la pression ne peut dépasser celle due à la plus faible température ;
de là on déduit un moyen simple d'opérer l'évaporation au moyen
du froid. En effet, ayez deux vases fermés communiquant entre
eux par un tube, l'un de ces vases entouré de glace et l'autre d'eau
tiède, il se formera des vapeurs dans ce dernier qui iront se condenser dans l'autre à cause du refroidissement, et ainsi de suite
tout le liquide passera dans l'autre, où il pourra se congeler si la
température est suffisamment abaissée.

la même manière [67]; le temps seul est changé, et loin que l'air soit la cause de l'évaporation, il y est un obstacle, car plus il est dense et plus l'évaporation se fait lentement.

L'air atmosphérique contient toujours une certaine quantité de vapeur d'eau, quelque transparent qu'il soit, car la vapeur d'eau est invisible (1); cela doit être puisqu'il est en contact avec les mers, les fleuves, les lacs, etc.; son état de saturation se mesure avec l'hygromètre. D'après ce qu'on a vu [69], si l'air était saturé complétement de vapeur, toute évaporation aqueuse spontanée dans cet air serait impossible; mais il en est rarement ainsi, et dans l'état ordinaire l'air atmosphérique est toujours loin de la saturation, excepté les momens qui précèdent ou succèdent à la pluie. De là suit que l'évaporation aqueuse peut se faire spontanément dans l'atmosphère; elle est d'autant plus grande 1° que la température est plus élevée, toutes autres choses égales (2); 2° que l'air est moins saturé, c'est-à-dire que l'hygromètre marque le plus de sécheresse, toutes autres choses égales; 3° enfin, que l'air est plus agité, car alors les couches d'air non saturé étant plus souvent renouvelées, l'évaporation doit avoir lieu d'autant plus promptement, c'est l'équivalent d'un agrandissement de l'espace, puisque si l'air était parfaitement en repos la couche d'air en contact avec le liquide y resterait, on aurait le même résultat que si l'atmosphère était complétement saturé, et il le serait en effet dans la partie locale où l'on opérerait. Lorsqu'il s'agit d'é-

____

(1) Dans le plus beau jour de l'été, si on monte une bouteille de de la cave, elle se recouvre de suite de gouttelettes, ce qui est le résultat du refroidissement de l'air par son contact avec la bouteille; il se trouve alors sursaturé, et une partie de la vapeur qu'il contient se précipite.

(2) Dans ces conditions l'évaporation est proportionnelle à la densité de la vapeur qui se forme, laquelle n'est pas absolument proportionnelle à la force élastique, mais à très-peu près.

vaporation spontanée, il est évident que, toutes choses égales d'ailleurs , la quantité de liquide évaporée doit être proportionnelle à la surface de ce liquide exposée à l'air (1).

73. Il n'en sera plus ainsi quand l'évaporation sera le résultat d'un échauffement direct par le feu , car alors elle n'aura lieu qu'autant qu'on transmettra de chaleur au liquide, et la quantité évaporée dépendra absolument de cette seule cause (2).

Quand on échauffe ainsi un liquide dans un vase non fermé , la quantité qui s'en évapore dans un temps donné , une heure par exemple, va toujours en croissant à mesure qu'on élève la température dudit liquide; cela doit être, puisque ainsi on augmente la densité de la vapeur qui se forme; mais, continuant toujours à chauffer, on arrive à une certaine limite de température , variable pour chaque espèce de liquide, à laquelle toute la masse se met en mouvement. Cherchant la cause de ce phénomène, on reconnaît qu'il est dû à des bulles de vapeur qui se forment au fond du vase (3), et qui s'élevant à la surface sans se condenser, et en augmentant de volume à mesure que la colonne liquide qu'elles supportent est moins grande , causent, en s'élevant ainsi à travers le fluide, ce mouvement intestin

---

(1) Ce que nous venons de dire de l'évaporation aqueuse, il faut le dire de tous les autres liquides, en faisant la seule restriction que l'air, ne contenant jamais d'autres vapeurs que celle d'eau, est toujours comme s'il était complétement sec pour d'autres liquides que l'eau, et que dès-lors l'évaporation de ces fluides est proportionnelle à la densité de leur vapeur pour la température à laquelle elle se fait.

(2) Voyez à ce sujet [85].

(3) Car c'est par le fond que l'on chauffe ordinairement , et cela doit être d'après la manière dont se propage le calorique dans les liquides; si on chauffait dessus , ce mouvement n'aurait pas lieu , le liquide ne s'échaufferait qu'à la surface, puisque les couches chaudes étant plus légères ne peuvent descendre.

qu'on a nommé ébullition. On ne dit plus, dans ce cas, que le liquide s'évapore, mais qu'il se vaporise [71].

74. Quelle différence y a-t-il donc entre l'évaporation et la vaporisation ? Aucune, si ce n'est le mouvement occasionné par l'ascension de la vapeur. Mais dans quelle condition particulière se trouve cette vapeur pour qu'il en soit ainsi ? A une température telle que sa force élastique est égale à la pression de l'atmosphère ; dès-lors elle ne se trouve plus condensée par cette pression comme cela avait lieu précédemment, puisque la vapeur ne peut acquérir qu'une tension dépendante de sa température [69].

75. Le terme de l'ébullition d'un liquide dépend donc de deux causes, 1° de sa nature, 2° de la pression qu'il supporte. Nous savons déjà que la pression atmosphérique est mesurée par une colonne de mercure de 760 millimètres, environ 28 pouces, et que sous cette pression, c'est-à-dire à l'air libre, l'eau pure entre en ébullition à cent degrés [6] ; la table de Dalton [68] nous montre, en effet, qu'à cette température la force élastique de la vapeur d'eau est mesurée par 760 millimètres de mercure.

Dans les mêmes conditions atmosphériques, l'alcool pur entre en ébullition à. . . . 78°,8.
le mercure, à . . . . 350°
l'éther sulfurique, à. . . . 35°,5.
l'essence de térébenthine, à 156°,8.

D'après cela, il est évident que si la pression atmosphérique diminue l'ébullition aura lieu à une température plus basse, et au contraire plus élevée si cette pression augmente. Ainsi, sur une haute montagne (1), la pression

___

(1) Au sommet du Mont-Blanc, 4775 mètres au-dessus de l'océan, la pression atmosphérique fait équilibre à 417 millimètres ; d'où il suit, en consultant la table de Dalton, que l'eau y entre en ébulli-

atmosphérique étant moindre , l'ébullition de l'eau aura lieu au-dessous de cent degrés , celle du mercure au-dessous de 35o degrés, etc. , ce qui a été vérifié par de nombreuses expériences.

76. Le fait le plus utile et le plus curieux à constater sur l'ébullition , c'est que tant qu'elle dure la température du liquide n'augmente plus ; ainsi prenez un vase rempli d'eau, placez-le sur le feu , bientôt cette eau entrera en ébullition , et le thermomètre qui y sera plongé marquera cent degrés ; dès ce moment, quelque violent que soit le feu fait dessous le vase qui la contient, la température de cent degrés restera constante, et toute l'eau disparaîtra en vapeur dont la température sera aussi de cent degrés.

Un autre liquide sera dans le même cas , une fois en ébullition il n'augmentera plus de température.

D'abord on conçoit qu'il doit en être ainsi , car puisqu'à mesure que la température augmente, la tension de la vapeur augmente aussi , si l'eau en ébullition pouvait augmenter de température elle fournirait de la vapeur dont la force élastique serait plus grande que la pression de l'air ; cette vapeur , dans cette hypothèse , souleverait brusquement le liquide et le jetterait hors du vase, il se ferait une véritable explosion (1). Cela n'ayant pas lieu il faut bien que la vapeur soit restée en équilibre de tension avec la pression extérieure, et par conséquent à la même température.

Mais alors que devient toute la chaleur qui passe dans l'eau à dater du moment où celle-ci entre en ébullition ,

_____

tion à 84°. Là on ne pourrait faire cuire un très-grand nombre de nos alimens ordinaires , car un liquide en ébullition n'augmente plus de température.

(1) C'est ce qui arrive lorsqu'en fermant le vase on force l'eau à augmenter de température ; au moment où on l'ouvre , une explosion a lieu , et souvent toute l'eau est entraînée dehors.

puisqu'elle n'accroît pas de température ? cette chaleur disparaît donc, mais où passe-t-elle ?

Elle sert à former la vapeur, et dès-lors devient latente. En effet de l'eau n'est pas de la vapeur, il faut quelque chose pour faire cette vapeur, c'est du calorique qui se combine avec l'eau, et il s'y unit tellement qu'il devient insensible au thermomètre. Dans cet état d'union avec l'eau il en a écarté les molécules et l'a fait participer à ses propriétés ; c'est un fluide élastique. Déjà nous avons décrit des effets analogues [25], en disant qu'un kilogramme de glace à zéro prend 75 calories pour devenir un kilogramme d'eau encore à zéro ; ici du calorique a disparu, il s'est combiné avec la glace pour en faire de l'eau.

77. L'ébullition d'un liquide n'étant autre chose que le résultat d'un équilibre entre la pression extérieure et la tension de la vapeur [75], il est évident qu'on l'avancera si par des moyens quelconques on diminue la pression extérieure, et qu'au contraire on pourra la retarder indéfininiment si on augmente convenablement cette pression ; mais comme aussi long-temps qu'un liquide est sur le feu et n'est point en ébullition il augmente de température, il en résulte qu'on pourra faire prendre aux liquides, à l'eau, par exemple, toute les températures, même la chauffer au rouge (1). Papin fit, il y a long-temps, ces expériences, on en a même tiré quelque parti. Voici quel était son appareil (*fig.* 13) : A est une marmite en cuivre très-épais, fermée hermétiquement par un bouchon B qui joint d'autant

____

(1) Cela a déjà été fait : on remplit un bout de canon de fusil d'eau, on le ferme hermétiquement et à vis des deux bouts, et, dans cet état, on le jette au feu ; il devient rouge, et dès-lors l'eau qu'il contient devient rouge aussi. Cette expérience présente de grands dangers, car presque toujours le canon crève ; il faut donc se mettre hors de ses atteintes.

mieux que la pression intérieure est plus grande ; plaçant cette marmite à demi remplie d'eau sur le feu, l'eau arrive à cent degrés, mais la vapeur qui se forme ne pouvant pas se dégager, sa pression s'ajoute à celle de l'air resté dans l'appareil, en sorte que l'ébullition ne peut se faire ; alors la température augmente toujours, mais la pression à la surface de l'eau augmente en même temps, d'où il suit que la seule limite qui se présente à l'élévation de la température est la résistance du vase, qu'on ne pourrait outre-passer impunément. On peut d'ailleurs reconnaître la pression intérieure par la puissance qu'il faut développer pour retenir une soupape C destinée à cet usage. Lorsque l'eau est ainsi chauffée, son pouvoir dissolvant augmente considérablement ; Papin, en donnant seulement quelques degrés à l'eau au-dessus de cent, parvenait à dissoudre des os d'animaux dans cette eau, et dès-lors à en retirer toute la gélatine. Dans ces derniers temps on a voulu rendre d'un service usuel un appareil imité de celui-là, sous le nom de marmite Autoclave ; c'était une marmite fermée, l'eau s'y élevait à quelques degrés seulement au-dessus du terme de l'ébullition. En vertu de cet excédant de température les viandes y sont cuites bien plus rapidement, et même on pourrait presque les dissoudre ; mais des vices de construction et des imprudences de ceux qui s'en servirent, causèrent différens accidens qui firent abandonner cet appareil, excepté dans plusieurs hôpitaux et établissemens publics où on continue à s'en servir avec succès et sur une grande échelle.

78. Plusieurs autres causes peuvent encore retarder le terme de l'ébullition d'un liquide ; d'abord sa cohésion. Ainsi dans un liquide visqueux et dense comme l'acide sulfurique, l'ébullition se fait avec difficulté, les bulles de vapeur ont peine à se faire un passage à travers la masse, dès-lors elles atteignent une force élastique plus grande que la pression atmosphérique, et se faisant jour brusquement causent

dans cette masse des soubresauts, lesquels font casser le vase qui la contient. Le lait offre encore un exemple de ce genre, la pellicule solide qui se forme à sa surface exerce une pression mécanique qui, pour un moment, s'oppose à la libre sortie de la vapeur, et dès-lors à l'ébullition ; celle-ci prend en conséquence une petite augmentation de température, et soulevant le liquide, elle le projette en partie au dehors. La nature du vase exerce aussi une influence ; si par exemple on met chauffer de l'eau dans un vase de verre, l'ébullition a lieu un peu plus tard à cause de l'affinité qu'exerce le verre sur les molécules liquides, force qui s'ajoute à la pression atmosphérique. On peut s'en convaincre facilement en plaçant dans le vase un bon thermomètre : lorsqu'il indiquera 100° le liquide ne sera point en ébullition, mais à ce moment si on jette quelques parcelles de limaille de fer dans l'eau, aussitôt l'ébullition commencera. Ce moyen est utilement employé dans la distillation des acides. Si elle a lieu dans un vase non métallique, on jette au fond quelques fils de platine, alors l'ébullition se fait tranquillement et sans soubresauts. Un sel dissous dans l'eau retarde aussi son ébullition, et d'autant plus que l'affinité est plus grande ; ainsi, de l'eau saturée de sel marin n'entre en ébullition, sous la pression atmosphérique de 760 millimètres, qu'à 109° : de là il suit une propriété, c'est que la vapeur d'eau à 100° qu'on ferait passer dans cette dissolution parviendrait à l'échauffer jusqu'à 109° qui est le terme où la vapeur formée dans ce liquide aurait une force élastique égale à celle qui arriverait dans le vase (1).

---

(1) Il faut pour cela que la vapeur d'eau arrive directement dans la dissolution saline, car il ne peut en être ainsi qu'en vertu de l'affinité du sel, qui alors détermine la condensation de la vapeur d'eau à mesure qu'elle arrive. Si la vapeur d'eau traversait la dissolution dans un serpentin, il n'en serait plus de même.

Enfin l'ébullition peut encore être retardée si la vapeur à mesure qu'elle se forme ne trouve pas une issue suffisante à son dégagement ; dans une chaudière qui fournirait 1000 mètres cubes de vapeur à l'heure, mais qui n'aurait qu'un orifice de sortie capable d'en laisser passer la moitié dans le même temps, il est évident que la pression augmenterait, et dès-lors la température ; dans une chaudière dont la surface bien chauffée est mille fois celle de sortie, l'eau reste à 100° ; dans la chaudière dont l'orifice est $\frac{1}{5000}$ de la surface chauffée, l'eau s'élève à 105° ; elle s'élève à 115° si la surface de sortie n'est que $\frac{1}{10000}$ de celle chauffée, et enfin à 138° lorsque la surface chauffée est vingt mille fois celle de sortie.

79. Le moyen employé par Papin permet non seulement d'augmenter indéfiniment la température de l'eau, mais encore la force élastique de sa vapeur, laquelle s'accroît dans une progression bien plus rapide qu'elle, comme on peut déjà le prévoir d'après la table de Dalton [68] ; on a donc dû rechercher la force élastique de la vapeur d'eau à ces températures élevées, ce qui n'a pu être fait qu'expérimentalement ; on a alors dressé la table suivante qui fait suite à celle de Dalton.

Table de la force élastique de la vapeur d'eau depuis 100°
jusqu'à 650 degrés de température.

Température centigrade.	Tension mesurée en millimètres de mercure.	Tension mesurée en mètres d'eau.	Tension mesurée en atmosphères.	Noms des observateurs.
100	760	10,34	1	Résultats des expériences de M. Taylor.
106,60	950	12,93	1 1/4	
112,40	1140	15,51	1 1/2	
117,10	1330	18,09	1 3/4	
121,55	1520	20,67	2	
125,50	1710	23.26	2 1/4	
128,85	1900	25,84	2 1/2	
132,15	2090	28,42	2 3/4	
135,00	2280	31,00	3	
137,70	2470	33,60	3 1/4	
140,35	2660	36,18	3 1/2	
142,70	2850	38,76	3 3/4	
144,95	3040	41,34	4	
146,76	3230	43,94	4 1/4	
149,15	3420	46,52	4 1/2	
151,15	3610	49,10	4 3/4	
153,30	3800	51,68	5	
155,00	3990	53,27	5 1/4	
156,70	4180	56,85	5 1/2	
158.30	4370	59,43	5 3/4	
160,00	4560	62,01	6	
161,54	4750	64,61	6 1/4	Résultats des expériences de M. Perkins.
163,25	4940	67,19	6 1/2	
164,84	5130	69,77	6 3/4	
166,42	5320	72,35	7	
167,94	5510	74.94	7 1/4	
169,41	5700	77,52	7 1/2	
170,78	5890	80,10	7 3/4	
172,13	6080	82,68	8	
173,46	6270	85,26	8 1/4	
474,79	6460	87,86	8 1/2	Résultats des expériences de M. Clément.
176,11	6650	90,44	8 3/4	
477,40	6840	93,02	9	
178,68	7030	95,60	9 1/4	
179,89	7220	98,19	9 1/2	
180,95	7410	100,77	9 3/4	
182,00	7600	103,36	10	
222,00	15200	206.72	20	
276,00	30400	415,44	40	
650,00	»	»	4248 *	* Calculé par M. Clément.

La troisième colonne de cette table exprime la tension de la vapeur en mètres d'eau, c'est-à-dire quelle colonne d'eau la vapeur pourrait supporter. Ces résultats nous seront utiles dans la suite (1).

La quatrième colonne exprime la tension de la vapeur en atmosphères, c'est-à-dire qu'on a regardé la pression atmosphérique comme une unité de mesure. On concevra donc maintenant ce que c'est que de la vapeur à 2, à 3, 4, etc., atmosphères; c'est de la vapeur dont la tension fait équilibre à 2 fois, 3 fois, 4 fois, etc., la pression atmosphérique, ou autrement dire, c'est de la vapeur capable de supporter une colonne de mercure dont la hauteur serait égale à 2 fois, 3 fois, 4 fois, etc., 760 millimètres.

80. On dit encore quelquefois vapeur à basse pression, et on entend par là celle dont la tension est inférieure, ou dépasse de très-peu une atmosphère; lorsqu'on dit vapeur à haute pression, on entend de la vapeur dont la pression est égale à 5, 6 . . . . . 12 fois celle de l'atmosphère.

81. La pression exercée par la colonne d'air atmosphérique sur une surface d'un pouce carré est égale à une colone de mercure de 28 pouces de hauteur, et dès-lors à 28 pouces cubes de mercure, dont le poids est en nombre rond 15 livres.

La pression exercée sur une surface d'un centimètre carré est le poids de 76 centimètres cubes de mercure, lequel est de 1, 033 kilogrammes.

82. Nous avons vu [76] que pour se vaporiser l'eau se combine avec une certaine quantité de calorique; il convient donc maintenant de s'occuper de la solution de cette question : quelle quantité de chaleur faut-il pour constituer

(1) Pour les calculer, il suffit de savoir que le mercure, à volume égal, pèse 13,598 fois autant que l'eau.

un kilogramme de vapeur d'eau à telle ou telle autre température ? M. Gay-Lussac la résolut d'abord pour la vapeur à 100 degrés ; quelques physiciens, et tout particulièrement M. Clément Désormes, s'occupèrent de la solution pour les autres températures, et ils trouvèrent ce résultat surprenant :

Un kilogramme de vapeur d'eau, lorsque l'espace qu'il occupe en est saturé, contient toujours 650 calories, n'importe quelle soit la température. Telle est la chaleur constante d'un kilogramme de vapeur d'eau.

Ce fait est trop important pour ne pas décrire les expériences à l'aide desquelles on peut le constater. Voici ce que fit M. Gay-Lussac : ayant disposé un récipient B (1) (*fig.* 14), muni de plusieurs thermomètres *a a'* pour reconnaître la température, on le met en communication avec une chaudière à vapeur A, la communication a lieu par un tuyau enveloppé de corps non conducteurs et muni 1° d'un robinet C pour établir la communication ou l'intercepter à volonté ; 2° d'un thermomètre *b* et d'un tube barométrique *c* afin de mesurer la température et la pression de la vapeur ; cela posé, on remplit d'eau le récipient B et on en détermine le poids et la température, puis laissant arriver de la vapeur pendant 15 minutes par exemple, on pèse de nouveau le récipient B et on prend sa température ; il est certain que l'excédant du poids est celui de la vapeur introduite, et que le nombre de calories en plus est la chaleur constituante de cette vapeur ; il n'y a donc qu'à opérer.

Soit en B avant l'expérience 15,625 kilogrammes d'eau à 17 degrés, soit en B après l'expérience 15,825 kilogrammes d'eau à 25 degrés ; il a passé en B 0,2 kilogrammes de vapeur ; on avait avant 17 fois 15,625 calories, ou 265,62

_____

(1) En grand, on le fait en bois ; ce serait un grand baquet, bien enveloppé pour ne pas perdre de chaleur ; dans le cabinet on prend un vase en verre.

calories, on a après 25 fois 15,825, ou 395,62 calories. La vapeur a donc apporté 130 calories pour 0,2, ou $\frac{1}{5}$ de kilogramme ; pour 1 kilogramme ce serait 5 fois plus ou 650 calories. Ainsi 1 kilogramme de vapeur d'eau à 100 degrés contient 650 calories; mais comme 1 kilogramme d'eau à 100 degrés contient 100 calories, il en résulte que pour se former en vapeur 1 kilogramme d'eau se combine avec 550 calories. Cette quantité est considérable, aussi de tous les corps l'eau est celui qui exige le plus de chaleur pour se vaporiser.

Si on répète cette expérience en ne laissant passer en B que de la vapeur dont la tension serait 3, 4, 8, 6, etc., atmosphères, les résultats seront toujours les mêmes, comme M. Clément l'a prouvé; enfin, pour compléter cette recherche, il fallait prouver qu'au-dessous de cent degrés la chaleur constituante d'un kilogramme de vapeur d'eau était encore 650 calories. C'est en répétant l'expérience de M. Leslie sur la congélation de l'eau, que M. Clément a mis la dernière main à cette belle solution. Voici comment il fit : dans une salle dont la température constante était zéro, il plaça sur le plateau A (*fig* 15) d'une machine pneumatique une large capsule B remplie d'acide sulfurique concentré et refroidi à — 3° (1); au-dessus de cette capsule, il en fut placé une plus petite C contenant 9, 67 grammes d'eau à zéro (2), recouvrant le tout d'un récipient on fit le vide,

(1) Par des expériences préliminaires, il avait déterminé qu'il y aurait 6 degrés d'augmentation de température par la combinaison de l'acide avec l'eau ; alors le plaçant à —3, il monte à + 3, et durant la moitié de l'expérience il absorbe ce qu'il rend durant l'autre moitié.

(2) Cette quantité avait été déterminée d'avance pour arriver au résultat.

l'eau entra en ébullition (1) ; et , comme à mesure qu'elle se vaporisait la vapeur était absorbée par l'acide sulfurique en vertu de son affinité pour l'eau , il se forma continuellement de nouvelle vapeur ; mais elle ne pouvait se constituer qu'avec du calorique qu'elle prenait aux corps environnans ; alors ce qui restait d'eau dans la capsule se congela. Lorsque tout fut solidifié , il cessa , pesa la capsule , et vit qu'un gramme d'eau s'était vaporisé , le calcul fit le reste. Ce gramme d'eau avait donc emporté toute la chaleur nécessaire à fondre 8,67 grammes de glace ; mais chaque gramme de glace pour fondre exige 0,075 calories : ce qui fut emporté par la vaporisation est donc $0,075 \times 8,67 = 0,650$ calorie ; pour un kilogramme ce serait mille fois plus ou 650 calories.

La loi énoncée ci-desus se trouve donc ainsi vérifiée pour toutes les températures.

L'eau n'est pas le seul liquide dans ce cas, tous pour se constituer en vapeur exigent une quantité constante de calorique ; on a déterminé par expérience que la chaleur constituante d'un kilogramme de vapeur d'alcool absolu était 255 calories, celle d'un kilogramme de vapeur de mercure 54 calories, celle d'un kilogramme de vapeur d'éther sulfurique 109 calories , celle d'un kilogramme de vapeur d'essence de thérébentine 149 calories (2).

83. D'après cette loi, lorsqu'un kilogramme de vapeur d'eau est formé, s'il était renfermé dans une enveloppe

---

(1) Aucune pression n'existant plus à sa surface.

(2) On pourrait conclure de là que dans les machines il vaudrait mieux employer de la vapeur d'alcool ou autre que celle de l'eau ; mais nous verrons que cela n'est pas exact, parce que la vapeur d'alcool est plus dense que celle de l'eau, et qu'alors elle occupe un moindre volume. La diminution du volume compense et au-delà la faiblesse de sa chaleur constituante. Voir les tables à la fin de cette section.

imperméable à la chaleur, on pourrait le comprimer, le dilater, toujours il resterait à l'état de vapeur, car toujours il aurait la quantité de chaleur qui lui est nécessaire pour exister, et s'il n'en est pas ainsi, c'est que les enveloppes ne sont point imperméables à la chaleur; c'est ainsi qu'on doit l'entendre quand on dit que la vapeur d'eau ne se laisse pas comprimer [69].

84. On a été long-temps à douter de ce principe, car, disait-on, comment un kilog. de vapeur d'eau à 100 degrés peut-il contenir la même quantité de chaleur qu'un kilogramme de vapeur d'eau à 182 degrés : voici cependant comment on peut s'en rendre compte : dans les deux cas on a effectivement le même poids de vapeur d'eau toute constituée; mais l'un occupe un espace huit fois moindre environ, à cause de la pression qu'il supporte, en sorte que l'excédant de température qui indique une plus grande quantité de calorique non combiné dans l'un, est compensé par une plus grande quantité de calorique combiné, et dès-lors devenu latent, qui doit être dans l'autre à cause de son plus grand volume. Ne sait-on pas en effet qu'une quantité de gaz dont on augmente le volume se refroidit, et qu'au contraire il s'échauffe en diminuant de volume (1)? cependant ici la quantité de chaleur est restée la même, mais elle s'est répartie autrement. En sorte que si on prenait un kilogramme de vapeur à 182 degrés dont la tension est 10 atmosphères, et si on augmentait son volume de telle sorte que la tension soit dix fois moindre, il est évident que la température s'abaisserait à 100 degrés.

85. De ce principe il est aisé de conclure que dans l'évaporation non spontanée il n'y a aucun bénéfice à faire

---

(1) Tout le monde sait qu'en comprimant de l'air il s'échauffe assez pour enflammer de l'amadou.

en calorique, soit qu'on évapore à l'air libre ou dans le vide, car un kilogramme de vapeur d'eau, n'importe dans quelle condition on le fera, exigera toujours 650 calories (1).

86. Ce que nous connaissons de la vapeur nous démontre clairement que dans la distillation il est absolument impossible d'obtenir des corps parfaitement purs, et cela par la seule raison que les corps se convertissent en vapeurs à toutes les températures [65, 67]; en effet, imaginons un mélange d'alcool et d'eau qu'on soumet à la distillation ou évaporation pour obtenir l'alcool pur, et supposons qu'on opère à 80 degrés, terme de l'ébullition de ce mélange; à cette température il se formera de la vapeur d'alcool, et il se formera aussi de la vapeur d'eau dont la tension est 352 millimètres [68]; ainsi on n'obtiendra encore qu'un mélange de deux vapeurs, mais comme la densité de la vapeur d'alcool à cette température est beaucoup plus grande que celle de la vapeur d'eau, le liquide obtenu sera plus alcoolisé que celui qu'on avait, alors il entrera en ébullition à une température moindre que 80 degrés, ce qui est une raison pour que dans une seconde distillation la vapeur d'eau soit encore plus rare; mais ce n'est que par une suite de distillations que l'on peut parvenir à obtenir l'alcool pur, encore ne le sera-t-il jamais absolument parlant (2).

---

(1) Long-temps on a pensé différemment, et comme l'ébullition a lieu à une moindre température dans le vide, on croyait économiser du combustible en faisant le vide au-dessus des vases évaporatoires; mais aujourd'hui il est démontré que cela ne peut avancer à rien, à moins que d'autres considérations que celle de l'économie du combustible n'influent sur le mode d'évaporation; ce qui a lieu quelquefois, par exemple, quand la nature du liquide évaporé serait altérée à la température de son ébullition à l'air libre.

(2) En s'aidant des agens chimiques qui absorbent l'eau, on en vient presqu'à bout; ce n'est même qu'ainsi qu'il est possible de le faire.

87. Lorsque les matières à séparer par la distillation sont fixes, alors par une seule opération on arrive au but, encore n'est-ce qu'en prenant beaucoup de précautions, en n'opérant pas à de trop hautes températures, car les solides même donnent des vapeurs, mais si rares que l'analyse la plus rigoureuse ne les trouve pas; cependant il a été constaté que les métaux même se mettaient en vapeur. M. Clément ayant distillé plusieurs années de suite dans le même alambic de cuivre sans l'ouvrir, et l'ayant ouvert au bout de ce temps, trouva une poudre noire attachée aux parois du chapiteau; l'ayant examinée, il reconnut avec surprise que c'était du cuivre pur qui évidemment n'avait pu être amené là et à cet état, qu'après s'être converti en vapeur.

88. Ayant un mélange de plusieurs liquides, par exemple de l'eau, de l'alcool et de l'éther, on peut si on a une table de la force élastique, et par suite de la densité de la vapeur de ces divers liquides à toutes les températures, calculer quelle proportion de chacun d'eux on obtiendra par une évaporation à une température donnée. Nous n'avons pas ces tables, mais M. Dalton a cru reconnaître une loi qui éviterait de les calculer; voici quelle est cette loi : à la même distance (en température) du terme de leur ébullition à l'air libre, les vapeurs de tous les liquides auraient la même force élastique; ainsi, l'eau entre en ébullition à 100 degrés, l'alcool pur à 78°,8 [75]; si cette loi est vraie (1), la force élastique de la vapeur d'alcool à 58°,8, serait égale à celle de la vapeur d'eau à 80 degrés, toutes deux étant à 20 degrés du terme de l'ébullition.

89. Nous allons maintenant nous occuper de la recherche de la densité de la vapeur d'eau, ou, ce qui reviendra au

(1) Cette loi n'est pas rigoureusement exacte, mais elle peut suffire à des calculs approximatifs.

même, du volume occupé par un kilogramme de cette vapeur; pour cela nous partirons d'un seul fait reconnu par des expériences très-délicates de M. Gay-Lussac, c'est qu'un kilogramme de vapeur d'eau à 100 degrés sature un espace de 1706 litres (1); combinant ce résultat, par le calcul, avec ceux de la table de Dalton [68 et 79], la loi de Mariotte sur les gaz [35] et celle de Gay-Lussac sur la dilatation des gaz et vapeurs [19], nous pourrons former la table suivante.

Table du volume qu'occupe un kilogramme de vapeur d'eau depuis o jusqu'à 650 degrés, de la quantité de chaleur que contient un mètre cube de cette vapeur, et du volume que théoriquement un kilogramme de houille peut en donner.

Température centigrade.	Force élastique mesurée en atmosphères.	Volume d'un kilogramme en litres.	Nombre de calories contenues dans un mètre cube ou 1000 litres.	Un kilogramme de houille donnera	
				volume en litres.	poids en kilogrammes.
0	1/150	185518	3,50	1712331	
12	1/71	91779	7,08	846935	
38	1/16	22605	28,75	208644	
51,45	1/8	11801	55,08	108925	
66	1/4	6171	105	56958	
82	1/2	3254	200	29849	
100	1	1700	382	15691	
121,55	2	900	722	8507	9,25, ou en nombre rond 9 1/4.
135	3	621	1046	5731	
145	4	477	1362	4402	
153,30	5	389	1670	3590	
160	6	329	1955	5036	
166,42	7	287	2264	2649	
172,13	8	254	2559	2344	
177,40	9	229	2838	2113	
182	10	208	3125	1920	
222	20	113	5752	1042	
276	40	63	10317	581	
650	4248	1	650000	9,25	

(1) Il aurait pu le faire dans l'appareil décrit [66] et fig. 10; mais il en imagina un autre dont on peut voir la description dans le Traité de Physique de M. Pouillet, tom. I, page 333.

6 *

90. Pour calculer la 3ᵉ colonne de cette table, voici un exemple des raisonnemens et des calculs à faire. Supposons que je veuille connaître le volume d'un kilogramme de vapeur à dix atmosphères. Je dirai un kilogramme de vapeur à 100 degrés aurait pour volume 1700 litres, et pour force élastique une atmosphère. Si la température restait de 100 degrés, pour amener cette vapeur à la pression de dix atmosphères, il faudrait la réduire à $\frac{1}{10}$ de son volume, d'après Mariotte; le volume serait donc $\frac{1700}{10}$ ou 170 litres, mais de la vapeur sous cette pression doit avoir une température de 182 degrés d'après Dalton; en augmentant ainsi de 82 degrés elle se dilate de $\frac{1}{367}$ de son volume à 100 degrés d'après Gay-Lussac; donc il faut prendre 82 fois la 367ᵉ partie de 170 litres, c'est 38: ainsi le volume de ce kilogramme de vapeur sera 170 + 38, ou 208 litres.

Si on voulait connaître le volume d'un kilogramme de vapeur d'eau ayant pour force élastique 1/4 d'atmosphère, on dirait : un kilogramme de vapeur à 100 degrés donne 1700 litres, mais la pression est de 1 atmosphère; si on la réduit à $\frac{1}{4}$, le volume quadruplera, la température restant constante, ce serait 6800 litres; mais la température ne reste pas constante, elle s'abaisse à 66 degrés, c'est-à-dire de 34 degrés, le volume à 100 degrés diminuera de 34 fois sa 367ᵉ partie, c'est $\frac{34 \times 6800}{367} = 629$ litres, le volume cherché est donc 6800 — 629 = 6171 litres.

91. Pour calculer chaque nombre de la 4ᵉ colonne une simple proportion suffit; par exemple : un kilogramme de vapeur contient 650 calories, à 100 degrés, son volume est 1700 litres, donc pour connaître combien de calories il y a dans un mètre cube ou 1000 litres de cette vapeur, on fera la proportion 1700 : 1000 :: 650 : x, qui donnera $x = 382$, et ainsi de suite pour les autres cas.

92. Les 5ᵉ et 6ᵉ colonnes ne sont pas plus difficiles à

calculer; il s'agit de trouver combien de vapeur d'eau un kilogramme de houille peut fournir, or, on sait qu'un kilog. de houille fournit théoriquement 6000 calories [43], et à cause que chaque kilogramme de vapeur d'eau prend 650 calories, en divisant 6000 par 650 on aura 9,23, nombre de kilogrammes de vapeur donné par un kilogramme de houille, et cela à toutes les températures (1); alors pour avoir le volume fourni à chaque température par ce poids de houille, il n'y a qu'à multiplier le volume d'un kilogramme de cette vapeur, qui est donné 3e colonne, par 9,23; c'est ainsi que l'on trouve qu'un kilogramme de houille peut fournir, en vapeur à 12 degrés, $91759 \times 9,23$ 846935 litres.

93. Des volumes donnés 3e colonne de la table précédente, il est facile de passer aux densités; ainsi, puisqu'un kilogramme ou mille grammes de vapeur d'eau à la température de 100 degrés ont pour volume 1700 litres, le poids d'un litre se trouve par cette proportion $1700 : 1 :: 1000 : x$, c'est 0,588 grammes. Mais un litre d'eau pèse 1000 grammes, donc la densité de l'eau étant 1000, celle de la vapeur a 100 degrés est 0,588, ou la densité de l'eau étant 1, celle de cette vapeur est 0,000588.

94. Un litre d'air à zéro et sous la pression de 760 millimètres de mercure pèse 1,298 grammes [35]. Cet air, porté à 100 degrés, se dilate de $\frac{100}{267}$, c'est-à-dire que 1 litre devient $1 + \frac{100}{267}$ ou $\frac{367}{267}$ de litre; le poids d'un litre d'air à 100 degrés n'est donc plus que les $\frac{267}{367}$ de 1,298 grammes, c'est 0,944 grammes. On a donc le poids d'un litre d'air sous la pression atmosphérique et à 100 degrés 0,944 gram. Le poids d'un litre de vapeur *idem*. 0,588

(1) C'est là un résultat théorique, car pratiquement un kilogramme de houille ne fournit guère que six kilogrammes de vapeur d'eau, à cause des pertes dans les fourneaux, cheminées, etc

La densité de l'air est donc à celle de la vapeur :: 0,944 :
0,588, ou en nombres ronds :: 8 : 5. La vapeur dans les
mêmes conditions que l'air pesera donc toujours les $\frac{5}{8}$ de
celui-ci.

95. Nous avons introduit dans les deux tables précédentes la force élastique de la vapeur d'eau à 650 degrés, toutefois en prévenant que c'était un simple résultat du calcul
donné par M. Clément. Voici les élémens de ce calcul : remplissez d'eau une sphère creuse, soit un kilogramme sa con-
tenance, fermez avec un bouchon à vis, puis jetez-la dans
un foyer jusqu'à ce qu'elle ait atteint une température de
650 degrés, il y aura alors dans cette quantité d'eau 650
calories (1), juste ce qu'il en faut pour le constituer en vapeur; ainsi dans cette sphère on aura un kilogramme de vapeur d'eau, réduite en volume à un litre : quelle peut être
sa pression?

Le même poids d'eau à cent degrés donne 1700 litres
sous la pression d'une atmosphère; chauffé à 650 degrés, il
augmenterait de 550 fois la 367e partie de ce volume, c'est-
à-dire de $\frac{550 \times 1700}{367} = 2548$ litres ; ainsi, porté à cette
température, le volume serait égal à $1700 + 2548$ ou 4248
litres. Si on réduit ce volume à un litre, ce qui est le cas
de notre hypothèse, la pression, étant en raison inverse,
sera 4248 atmosphères.

On conçoit qu'à cette pression aucun vase ne pourrait
résister, l'expérience seule pourrait nous apprendre l'exact
résultat; mais cette hypothèse est un aperçu de ce qui
pourrait être.

---

(1) Il faut une calorie pour échauffer d'un degré un kilogramme
d'eau, et 650 pour l'échauffer de 650 degrés, en supposant que la
capacité de l'eau soit constante, ce qui n'est pas; mais nous ne
faisons que des hypothèses en ce moment.

96. M. Cagniard de Latour, en s'occupant des vapeurs à haute pression, voulut déterminer dans quel volume, au minimum, l'eau peut-être complétement vapeur; pour cela il fit des expériences dans des tubes en verre très-épais, privés d'air et fermés à la lampe; il constata alors que l'eau peut se transformer entièrement en vapeur dans un espace quatre fois plus grand que celui qu'elle occupait à l'état liquide; la température est, dans ce cas, à très-peu près celle de la fusion du zinc (environ 360°); la pression doit être considérable, et partant des mêmes données que ci-dessus on pourrait la calculer approximativement, mais la déterminer expérimentalement serait plus certain.

M. Cagniard de Latour a répété les mêmes expériences sur l'alcool et l'éther sulfurique, en ayant un appareil convenable pour mesurer la tension de la vapeur formée; alors il a vu que de l'alcool à 30° Beaumé se transforme entièrement en vapeur dans un volume égal à trois fois celui du liquide, qu'alors la température est 259°, et la pression 119 atmosphères; l'éther se vaporise dans un volume double de celui du liquide à la température 200°, la pression est 37 atmosphères (1).

97. Un autre fait non moins curieux fut constaté par M. Perkins dans ses expériences; c'est qu'à une certaine température l'eau contenue dans une chaudière fermée (2),

---

(1) Dans ces expériences l'action dissolvante de l'eau est tellement grande que le verre est attaqué. Cela doit engager ceux qui voudaient les répéter à prendre toutes les précautions imaginables pour se mettre à l'abri des explosions, qui sont inévitables.

(2) Elle serait ouverte, il en serait de même; ce qui a été vérifié par M. Pouillet dans un creuset de platine. M. Pouillet a encore vérifié que de l'eau tenant en dissolution des sels ou un alkali ne présente plus ce phénomène; elle se vaporise même dans un creuset rouge.

s'isole complétement des parois de la chaudière, et ne se vaporise plus, ou très-peu. Que se passe-t-il ici? Se forme-t-il entre les deux une légère couche de vapeur, ou est-ce le résultat d'une répulsion? On n'est pas fixé, mais le fait est constant (1) : dès ce moment le calorique ne pénètre plus dans l'eau, en sorte que la chaudière peut brûler ou fondre quoique remplie d'eau; un autre accident peut et doit arriver; lorsque la température s'abaisse l'eau revient en contact avec la chaudière, à ce moment ne doit-il pas se faire une vaporisation brusque qui détermine l'explosion? cela est d'autant plus dangereux que quelques instans avant, la vapeur ne se formant pas, on activait probablement le feu; on pourrait, sans doute avec raison, attribuer à cet effet plus d'une des explosions qui ont eu lieu; quoi qu'il en soit, c'est un des plus grands obstacles qu'ait rencontrés M. Perkins dans l'emploi des vapeurs à haute pression. La connaissance de ce fait déterminera aussi à prendre des précautions dans l'usage des tubes générateurs dont nous parlerons.

98. Une question très-importante à résoudre dans la théorie des vapeurs est celle-ci : avec quelle vitesse se meut la vapeur d'eau dans des conditions données?

Cette question ne peut être résolue qu'avec le secours des lois de la mécanique sur la chute des corps et l'écoulement des fluides. Ces lois nous apprennent (2) qu'un fluide qui

---

(1) On sait que lorsqu'on projette quelques gouttes d'eau sur du fer chauffé à peine au rouge, elle se vaporise subitement; mais si le fer est bien rouge ou blanc, alors ces gouttes d'eau forment des petites boules qui roulent et se meuvent très-rapidement, mais ne se vaporisent point.

(2) Dans la circonstance actuelle et dans plusieurs à venir nous aurons besoin de combiner entre elles diverses lois de la mécanique.

s'écoule d'un orifice situé à une distance verticale H au-
dessous du niveau de ce fluide dans le réservoir, le fait
avec une vitesse telle qu'il parcourt chaque seconde un espace représenté en mètres par le nombre $\sqrt{19,62 \times H}$,

---

Nous allons donc les faire connaître le plus succinctement possible.

Loi suivant laquelle s'exerce la pression des fluides.

Les physiciens et les mécaniciens démontrent par l'expérience
et le calcul que si on a une série de vases V, V', V", V"' (*fig.* 16),
ayant tous la même surface pour base et la même élévation verticale
(c'est-à-dire la même hauteur mesurée au fil à plomb), quelle que soit
d'ailleurs la forme de ces vases, ils démontrent, dis-je, que tous ces
vases étant remplis d'eau, la pression exercée par ce fluide sur le
fond est la même pour tous , ce qu'ils énoncent par cette loi : « la
pression exercée par un fluide sur le fond du vase qui le contient
est égale au poids d'un cylindre de ce fluide ayant pour base la surface du fond du vase , et pour hauteur la distance verticale comprise entre le niveau supérieur du fluide et le fond du vase, quelle que
soit d'ailleurs la forme dudit vase.

Il peut et doit paraître paradoxal que le peu de fluide contenu
dans le vase V puisse exercer sur le fond la même pression que la
quantité bien plus grande qu'en contient le vase V", cependant
rien n'est plus exact si les fonds A, A', A" sont de même grandeur
et les hauteurs AB, A'B', A"B", A"'B"' égales entre elles.

D'après cela, si on demande quelle pression exerce l'eau contenue dans un vase V (*fig.* 17) qui en est presque rempli, le fond
A de ce vase ayant un pied carré de surface et la hauteur AB de
l'eau dans le vase étant égale à deux pieds , cette pression est égale
au poids de deux pieds cubes d'eau , c'est-à-dire à 2 fois 35 kilogrammes, c'est donc 70 kilogrammes.

Si c'est un fluide élastique qui se trouve renfermé dans un vase,
ce n'est plus son poids qui s'appuie sur les parois de ce vase, mais
sa pression, à cause de la répulsion qu'exercent entre elles les
molécules de ce fluide , laquelle devient équivalente à un poids ;
ainsi, un vase rempli de vapeur à deux atmosphères est pressé sur
son fond par cette vapeur comme si une colonne d'eau équivalente

c'est-à-dire que pour obtenir cette vitesse il faut multiplier 19,62 par la hauteur du fluide au-dessus de l'orifice d'écoulement (mesurée en mètres) et extraire la racine carrée de ce produit.

à deux atmosphères, c'est-à-dire de 20,68 mètres, s'appuyait dessus.

Loi suivant laquelle se fait l'écoulement des fluides.

Il a été reconnu par des expériences et le cacul, que si on a un vase V (*fig.* 18) rempli d'eau, d'huile, de mercure ou de tout autre fluide, et qu'on fasse à sa base une ouverture m, le fluide s'écoulera avec la même vitesse que s'il était tombé de la hauteur verticale bm comprise entre le niveau supérieur et l'orifice. Ainsi, par exemple, il est reconnu par expérience qu'un corps qui a déjà tombé de 15 pieds a mis une seconde dans sa chute, et qu'alors il peut, en vertu de la vitesse acquise, parcourir 30 pieds par seconde ; si l'élévation de l'eau au-dessus de l'orifice d'un réservoir est de 15 pieds, l'eau qui s'écoulera de cet orifice le fera comme si déjà elle était tombée de 15 pieds, c'est-à-dire avec une vitesse de 30 pieds par seconde.

On remarquera en conséquence, non sans surprise très-probablement, qu'alors, soit que le réservoir soit rempli d'huile, d'eau ou de mercure, la vitesse de l'écoulement sera absolument la même et qu'ainsi le volume de liquide qui s'écoulera dans un temps donné, une minute par exemple, sera toujours le même, quelle que soit sa nature.

Cela s'explique aisément, car si, à égalité de hauteur, la pression d'une colonne de mercure est 13 fois plus grande que celle d'eau, le mercure par cela même est 13 fois plus difficile à mouvoir, ainsi il passe dans le même temps le même volume, mais non pas le même poids.

Le volume de liquide qui passe est égal au produit de la vitesse par la surface de l'ouverture et par le temps ; prenons un exemple, soit un orifice de 2 pouces carrés de surface situé à 15 pieds au-dessous du niveau, la vitesse de l'écoulement sera de 30 pieds par seconde ; ainsi, chaque minute, il sortira par cet orifice 60 fois deux

Cela posé, proposons-nous de chercher avec quelle vitesse de la vapeur d'eau à une atmosphère s'écoulerait dans le vide, ce qui aurait lieu enfin si cette vapeur entrait dans un réservoir vide d'air, mais rempli d'eau à zéro, car elle s'y condenserait à mesure qu'elle entrerait.

---

pouces × 5o pieds, ou 6o fois 2 pouces ×360 pouces, ce qui est égal à 43200 pouces cubes ou 25 pieds cubes.

Si on fait l'expérience par un orifice percé en mince paroi, on n'obtiendra pas 25 pieds cubes, mais seulement les 5/8 de cette quantité, c'est-à-dire 15 5/8 pieds cubes, et dans tous les cas semblables le résultat sera analogue, on n'obtiendra que les 5/8 de ce qu'indique le calcul. Cela occupa long-temps les mécaniciens ; mais ils parvinrent à reconnaître que la veine fluide, au sortir de l'orifice, était toujours contractée, et que la surface de la veine contractée n'était que les 5/8 du véritable orifice.

On peut faire varier le résultat par des ajutages mis au devant de l'orifice ; alors on augmente la dépense. Il varie encore, et beaucoup, si l'orifice, au lieu d'être percé dans une paroi mince, l'est dans une paroi épaisse ; mais ce n'est pas le lieu de nous occuper de ces détails.

Pour les fluides élastiques, la même loi d'écoulement a lieu, en tenant compte 1° que leur pression équivaut à un poids, 2° de leur densité, 3° de la contraction de la veine fluide qui est sensiblement la même que pour les liquides (voir les expériences de M. d'Aubuisson, Annales de chimie, juillet 1826). MM. Girard et Cagniard de Latour ont trouvé que, à cause du frottement, dans un tuyau de conduite de 16 millimètres de diamètre, et 126 mètres de long, la dépense en gaz n'était que 1/11 de ce qu'elle était par une ouverture en mince paroi de même diamètre, la pression dans le réservoir qui alimentait l'écoulement étant la même. En général, par une même ouverture, l'écoulement est proportionel à la pression dans le réservoir, et en raison inverse de la racine carrée de la longueur de la conduite, supposée uniforme de grosseur. Ainsi je suppose que de l'air atmosphérique s'écoule dans un réservoir vide ; il presse l'orifice, comme une colonne d'eau de 10,34 mètres ; mais il ne pèse que 1/770 de l'eau, donc il presse l'orifice comme le

La pression de cette vapeur est mesurée par une colonne d'eau de 10,34 mètres [79], mais elle ne pèse à volume égal que $\frac{1}{1700}$ de l'eau [89]; donc pour qu'une colonne de cette vapeur pût faire équilibre, par son poids seulement, à 10,34 mètres d'eau, il faut qu'elle ait 1700 fois cette hau-

---

ferait une colonne d'air de 770 fois 10,34, ou de 7957 mètres ; cet air va donc prendre la même vitesse qu'un corps tombé de 7957 mètres de hauteur.

Pour calculer l'écoulement des fluides, il faut donc savoir quelle vitesse prend un corps tombé de telle ou telle hauteur, ce qui est un résultat des lois sur la chute des corps.

Lois de la chute des corps.

On sait que tous les corps abandonnés librement à eux-mêmes se meuvent vers la surface de la terre en suivant une ligne verticale qui, si elle était prolongée, irait passer au centre du globe, et cela en vertu de l'attraction de la terre, attraction à laquelle on a donné le nom de pesanteur.

Cette attraction s'exerce également sur tous les corps avec la même intensité; ainsi, dans une espace parfaitement libre, dans le vide par exemple, une bille de liége, une d'or, un duvet tombent également vite.

Lorsqu'un corps entre en mouvement en vertu de la pesanteur, il s'accélère continuellement, c'est-à-dire que sa vitesse va toujours en croissant, ce qui doit être, car l'action de la terre s'exerce constamment, malgré qu'il soit déjà en mouvement pour obéir à cette force; dès-lors, puisqu'à chaque instant une nouvelle action s'ajoute à la précédente, la vitesse doit toujours aller croissant, proportionnellement à cette action, c'est-à-dire au temps durant lequel elle s'exerce; ainsi donc, nous reconnaissons que vu la nature de la force appelée pesanteur, un corps qui y est soumis prend une vitesse proportionnelle au temps durant lequel il y reste soumis, c'est-à-dire que, si le temps double, la vitesse double, si le temps est triple la vitesse est triple, etc. Pour représenter cette loi par une formule aisée à retrouver, appelons g la vitesse qu'a acquise un corps au bout d'une seconde, c'est-à-dire l'espace qu'il pourrait parcourir chaque seconde s'il était tombé une seconde,

teur, ou 1700 × 10,34 = 17578 mètres, d'où il suit que cette vapeur entrant dans le vide est absolument dans le même cas que si elle s'écoulait d'un réservoir de 17578 m. d'élévation, sa vitesse est donc égale à $\sqrt{19,62 \times 17578}$, c'est 587 mètres par seconde.

---

alors pour un nombre de secondes égal à t, la vitesse V sera proportionnelle, et on aura $g : V :: 1 : t$, d'où on déduit $V = gt$, expression simple et facile à retenir.

Le calcul a démontré et l'expérience prouve que l'espace parcouru par un corps qui tombe librement croît comme le carré du temps, ainsi, dans une seconde, si un corps tombe d'une hauteur égale à H, dans deux secondes il tomberait d'une hauteur 4 H; dans trois secondes il parcourerait 9 H, dans 4 secondes 16 H, et ainsi de suite. Maintenant suivons ce calcul, et voyons ce qu'on peut en déduire.

Un corps qui tombe parcourt dan la 1re seconde une distance h et prend une vitesse g. Dans la 2e seconde, il parcourra alors $g + h$, savoir, g en vertu de sa vitesse, et h en vertu des nouvelles actions de la pesanteur durant la 2e seconde; ainsi dans les deux secondes, il aura parcouru h puis $g + h$, en tout $2h + g$; mais on sait dailleurs que dans deux secondes un corps parcourt quatre fois plus d'espace que dans une, donc on a $2h + g = 4h$, d'où $g = 2h$. Ceci nous démontre que la vitesse qu'a prise un corps après une seconde de chute est égale au double de la chute durant ce temps, ainsi dans une seconde un corps tombe d'une hauteur égale à $\frac{g}{2}$, dans deux secondes de 4 fois $\frac{g}{2}$, dans trois secondes de 9 fois $\frac{g}{2}$: enfin en un nombre de secondes égal à t, il tombera d'une hauteur égale à t^2 multiplié par $\frac{g}{2}$ ou $\frac{gt^2}{2}$, nous avons donc cette formule générale : tout corps qui tombe pendant un nombre de secondes parcourt une hauteur égale à la moitié de la vitesse acquise durant une seconde multipliée par le carré du temps; ou bien, appelant H cette hauteur on a généralement $H = \frac{gt^2}{2}$: on a d'ailleurs vu ci-dessus que $V = gt$, c'est-à-dire que la vitesse acquise en un nombre de secondes représenté par t est la première vitesse multipliée par le temps.

Avec ces deux formules, il sera facile de trouver de suite la vitesse V d'un corps qui a tombé un temps t, ou la hauteur H d'où

Cette vitesse est bien remarquable, surtout lorsqu'on réfléchit qu'un boulet de 24 lancé en toute volée n'a guère que 425 mètres de vitesse par seconde, que le son ne parcourt que 337 mètres dans ce même temps; la vitesse de la vapeur est donc une des plus grandes que l'on connaisse.

---

il tombe dans ce temps t; plus souvent on ne connaît pas le temps qu'a tombé un corps, mais on sait de quelle hauteur H il est tombé; on peut alors connaître par le calcul la vitesse V, car l'équation H $= \frac{g t^2}{2}$ donne, en doublant tout, 2 H $= g t^2$, et divisant tout par g $\frac{2 H}{g} = t^2$; on aurait donc là le carré du temps. Si on connaît H, ou bien extrayant la racine carrée des deux parties égales, on a $\sqrt{\frac{2 H}{g}} = t$; voici la valeur du temps de la chute; mais on veut connaître V, avons-nous dit; on sait que V $= g t$, à la place de t mettant cette valeur égale $\sqrt{\frac{2 H}{g}}$ on aurait V $= g \sqrt{\frac{2 H}{g}}$, ou ce qui est la même chose, V $= \sqrt{2 g H}$. Cette formule nous l'emploierons très-fréquemment. Ainsi sachant qu'un corps est tombé d'une hauteur H, je sais que sa vitesse est égale à $\sqrt{2 g H}$, c'est-à-dire à la racine carrée du double de la vitesse acquise en une seconde multipliée par la hauteur H d'où il est tombé.

Nous allons maintenant appliquer cela à des nombres; il a été déterminé par des expériences que, dans une seconde, un corps abandonné à lui-même parcourt 15 pieds ou 4,90 mètres, alors on sait qu'après cette seconde sa vitesse est g, et que g est le double de cette hauteur qui est 30 pieds ou 9,81 mètres; ainsi nous savons que $g = 9,81$ mètres; donc la formule V $= \sqrt{2 g H}$ deviendra, en mettant pour g sa valeur numérique V $= \sqrt{19,62 \times H}$; cela entendu, je suppose qu'on demande quelle est la vitesse d'un corps tombé de 44 mètres de hauteur, on aura V $= \sqrt{19,62 \times 44}$, car H $= 44$ mètres; effectuant les calculs, on aura V $= 29,3$ mètres.

Maintenant nous pourrons résoudre complétement les questions relatives à l'écoulement d'un liquide; par exemple, soit demandé combien en une minute il s'écoulera d'eau par un orifice percé en mince paroi ayant 2 centimètres carrés de surface, le niveau de

M. Clément a vérifié par des expériences que les résultats du calcul à ce sujet sont exacts.

99. Il est nécessaire de détruire de suite une erreur à laquelle on est naturellement porté; sauf examen, elle consiste à croire que la vapeur à une haute pression doit avoir une

---

l'eau au-dessus de cet orifice étant de 25 mètres? La vitesse sera celle d'un corps tombé de 25 mètres de hauteur; elle sera donc exprimée par $\sqrt{19,62 \times 25}$, c'est-à-dire qu'il faut multiplier 19,62 par la hauteur du réservoir, et du produit 490 extraire la racine carrée qui est 22; cette eau s'élancera donc hors de l'orifice en parcourant 22 mètres par seconde ou 2200 centimètres, l'ouverture de l'orifice étant 2 centimètres carrés; le volume d'eau sorti dans une seconde sera $2200 \times 2 = 4400$ centimètres cubes; dans une minute, c'est 60 fois cette quantité ou 264000 centimètres cubes, ou bien enfin 264 litres, puisqu'un litre vaut 1000 centimètres cubes, et à cause de la contraction de la veine fluide, ce n'est réellement que 5/8 de 264 litres, c'est-à-dire 165 litres.

Quelques problèmes résolus sur cette matière nous en mettront en entière possession.

Problème. — On a un vase V (*fig.* 17), sa base A a pour surface 1 1/2 décimètre carré; il est rempli de mercure jusqu'en B, et la hauteur verticale A'B du niveau au-dessus du fond est de 3 mètres; on demande quelle pression ce mercure exerce sur le fond du vase?

La pression est égale au poids d'un cylindre de mercure ayant une base de 1 1/2 décimètres carrés de surface et une hauteur de 3 mètres = 30 décimètres, le volume de ce cylindre serait $1 \text{ 1/2} \times 30 = 45$ décimètres cubes; si c'était de l'eau le poids serait 45 kil., car un décimètre cube c'est un litre; le mercure pesant 13 1/2 fois autant, $13 \text{ 1/2} \times 45$, ou 607 kilogrammes, est la force qui s'appuie sur le fond du vase et qu'il faudrait opposer pour le retenir si ce fond était un piston mobile.

Problème. — Une pierre est tombée du haut d'une mine au fond de la galerie qui est 120 mètres plus bas, avec quelle vitesse a-t-elle frappé la terre?

Cette vitesse est $\sqrt{19,62 \times 120}$, ainsi multipliant 19,62 par 120

bien plus grande vitesse, et cependant elle est très-peu plus grande; en effet, dans la formule $\sqrt{19,62 \times H}$, la quantité variable H est le produit de la force élastique de la vapeur par le rapport de la densité de l'eau à celle de cette vapeur. Mais maintenant nous savons que lorsque la

---

et extrayant la racine carrée du produit 2254,40, on aura 48 mètres pour la vitesse acquise dans la chute.

Problème.—Dans un réservoir rempli d'esprit de vin on a percé en mince paroi une ouverture de 5 centimètres carrés de surface et à 3 1/2 mètres au-dessous du niveau qui ne baisse point sensiblement pendant l'écoulement, on demande la dépense en 5 minutes.

Cherchons d'abord la vitesse; on sait que c'est celle d'un corps tombé du haut du réservoir ou de 3 1/2 mètres, dès-lors elle est égale à $\sqrt{19,62 \times 3\frac{1}{2}}$, c'est 8,5 mètres ou 850 centimètres, et comme l'ouverture est de 5 centimètres carrés, chaque seconde il passera 5 fois 850 centimètres cubes, c'est 4250 centimètres cubes, et pour 5 minutes ou 500 secondes on aura 300 fois ce volume qui est 1275000 centimètres cubes, égal à 1275 litres; mais à cause que l'orifice est percé en mince paroi, la contraction de la veine fluide réduit aux 5/8 ce résultat, c'est-à-dire à 797 litres.

Problème.—Dans un espace vide, l'air atmosphérique à mesure qu'il y arrive est détruit, l'orifice d'entrée a pour surface 9 centimètres carrés, on demande quel poids d'air il entrera dans cet espace en 3 minutes?

D'abord avec quelle vitesse l'air entrera-t-il? avec celle due à la hauteur de la colonne atmosphérique; mais cette colonne n'est pas uniforme en densité, car à mesure qu'on s'élève dans l'atmosphère, l'air devient plus rare, il faut donc prendre une moyenne hauteur pour toutes ces différentes couches; or, la colonne d'eau équivalente à la pression atmosphérique est de 10,34 mètres, et comme pris à la surface du sol l'air pèse $\frac{1}{770}$ de l'eau, il s'ensuit que si l'air était uniforme en densité, la colonne atmosphérique, pour presser comme elle le fait, aurait une hauteur égale à 770 fois 10,34 ou 7957 mètres; ainsi l'air entre dans le vide comme s'il tombait de 7957 mètres de hauteur, sa vitesse est donc $\sqrt{19,62 \times 7957}$, à très-peu près 396 mètres ou 39600 centimètres.

force élastique de la vapeur augmente, sa densité augmente aussi, donc le rapport des densités diminue, et ainsi H est un produit dont un des facteurs diminue quand l'autre augmente ; si c'était dans la même proportion H serait une quantité constante, dès-lors la vitesse aussi ; d'ailleurs éclaircissons ceci par des applications ; calculons, par exemple, la vitesse de la vapeur à 10 atmosphères s'écoulant dans l'air : il est évident que ce qui détermine l'écoulement c'est la pression surabondante de la vapeur sur celle du milieu, laquelle est de 9 atmosphères ou 9 fois 10,34 mètres d'eau, c'est 93,06 mètres ; le volume d'un kilogramme de cette vapeur est 208 litres [89], donc la densité est de $\frac{1}{208}$, autrement dit une colonne de cette vapeur égale à 208 fois 93,06 m., ou 19356 m., presse comme une colonne d'eau de 93,06 mètres ; la vitesse de l'écoulement sera donc celle d'un fluide tombant de 19356 mètres, ou $\sqrt{19,62 \times 19356}$; faisant le calcul, on trouve 616 mètres. Cette vitesse, comparée à la première, est loin d'être en rapport avec la pression.

100. Après avoir posé tous les principes relatifs à la vapeur d'eau, nous terminerons cette partie par quelques problèmes relatifs.

Problème.—Pour faire 340 kilogrammes de vapeur d'eau combien faut-il brûler de houille ?

L'ouverture d'entrée étant 9 centimètres carrés, le volume par seconde sera 39600 fois 9 centimètres cubes ou 356400 centimètres cubes, et en 3 minutes ou 180 secondes, il passera 180 fois ce volume ou 64152000 centimètres cubes, égaux à 64152 litres ; mais un litre d'air pèse 0,001298 kilogrammes, donc 64152 litres pèsent 64152 fois ledit poids ; ainsi il est entré en trois minutes dans l'espace vide 83,27 kilogrammes d'air.

Nous supposons ici que par un ajutage approprié la contraction de la veine fluide est détruite.

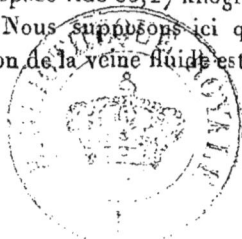

Chaque kilogramme de vapeur = 650 calories, il faut donc 340 fois 650 calories, c'est 221000; mais un kilogramme de houille fournit 6000 calories [43], donc il faut $\frac{221000}{6000}$ ou 37 kilogrammes.

C'est là un résultat théorique; en pratique il faut, comme nous le verrons, moitié en sus, c'est-à-dire $37 + 18\frac{1}{2}$ ou $55\frac{1}{2}$ kilogrammes.

Problème. — Pour échauffer un baquet contenant 3600 litres d'eau à 12 degrés et dont la profondeur est de 2,34 mètres, pendant 15 minutes, on a fait arriver de la vapeur d'eau dont la pression était 2 atmosphères, elle s'échappait d'une chaudière voisine par un robinet dont l'ouverture avait 3 centimètres carrés et arrivait vers le fond du baquet. On demande quelle était la température de l'eau qu'il contenait après l'opération?

D'abord, il faut trouver le poids de vapeur introduit dans ce baquet, et pour cela déterminer la vitesse avec laquelle elle y arrivait. Sa pression est 2 atmosphères ou 20,68 mètres d'eau; pour entrer elle doit soulever 1° la pression de notre atmosphère égale à 10,34 mètres d'eau, plus la colonne d'eau contenue dans le baquet égale à 2,34 mètres, en tout 12,68 mètres; l'excédant est 8 mètres, et il est clair que c'est en vertu de cet excédant de pression que la vapeur s'écoule: sous une pression de deux atmosphères un kilogramme de vapeur d'eau occupe un volume de 900 litres, sa densité est donc $\frac{1}{900}$ de celle de l'eau, et dès-lors la pression qui détermine l'écoulement est 900 fois 8 mètres ou 7200 mètres; la vitesse de cet écoulement sera donc égale à $\sqrt{19,62 \times 7200}$; c'est 375 mètres ou 37500 centimètres.

Le volume écoulé chaque seconde sera donc 3 fois 37500 ou 112500 centimètres cubes, puisque l'ouverture du robinet est de 3 centimètres carrés; et par minute 60 fois cette quantité ou 6750000 centimètres cubes; enfin en 15 minutes c'est 101250000 centimètres cubes ou 101250 litres, puisque 1 litre vaut 1000 centimètres cubes. Un kilogramme de cette vapeur $=$ 900 litres, donc le poids de vapeur passé dans le baquet est égal à $\dfrac{101250}{900}$ ou 112 kilogrammes à très-peu près; chaque kilogramme de vapeur contient 650 calories, donc il est entré avec la vapeur dans le baquet 112 fois 650 ou 72800 calories; dans ce baquet il y avait 3600 kilogrammes d'eau à 12 degrés, c'est donc 3600 fois 12 ou 43200 calories; ainsi il se trouve maintenant dans ce baquet 3712 kilogrammes d'eau qui contiennent 72800 $+$ 43200, c'est-à-dire 116000 calories, la température doit être alors de $\frac{116000}{3712}$ ou 31 degrés (1).

Nous avons joint ici une table relative aux vapeurs autres que celle de l'eau, qui pourra nous être utile en quelques cas.

―――――――――――――――――

(1) Dans ce problème nous n'avons tenu aucun compte de la diminution de vitesse due aux frottemens dans le tuyau de conduite; cependant elle existe, et en pratique il faudrait en tenir bon compte, comme nous le verrons V° section. Lorsqu'il s'agit de chauffage par le moyen de la vapeur, puisque chaque kilogramme n'apporte que 650 calories quelle que soit sa température, il vaut donc mieux opérer à la plus basse pression possible, c'est-à-dire à celle qui est suffisante pour que l'écoulement de la vapeur ait lieu; on court moins de chances des explosions.

TROISIÈME SECTION.

Construction des fourneaux; cheminées, soufflets, ventilateurs,
moyens d'estimer la vitesse et le volume d'air fourni par
ces appareils; galeries, carneaux, dimensions qu'on doit
leur donner; foyers, grilles, cendriers, comment on doit
déterminer la grandeur de chacune de ces parties d'un fourneau; foyers fumivores de Watt, de Brunton, de Stanley,
perfectionné par Collier, de Hall, avantages qu'on en peut
tirer, etc.

Dans cette section, nous devons nous occuper de la
construction des fourneaux, et pour cela nous étudierons
d'abord en particulier toutes les parties qui les composent,
savoir : les cheminées et autres moyens de fournir l'air au
combustible, les foyers, cendriers, etc.

La première idée que le vulgaire attache à l'ascension de
la fumée dans l'air, c'est que ce corps est léger; mais pour
peu qu'on réfléchisse attentivement, on verra que cette légèreté n'est pas absolue; en effet, un ballon aussi s'élève
dans l'air, et cependant il emporte avec lui une nacelle et
plusieurs hommes, qui ne sont pas des corps légers; il faut
donc remonter à une autre cause, pour expliquer ces con-
tradictions apparentes aux lois de la pesanteur. Cette cause,
c'est que l'air lui-même est un fluide dans lequel nous na-
geons, et déjà assez pesant, puisqu'un mètre cube de cet
air, pris dans les circonstances normales à la surface de la
terre, pèse 1,298 kilogrammes [35]; maintenant, si le
ballon s'élève, si la fumée s'élève, ce n'est pas que ces corps
soient légers, mais parce qu'ils sont relativement légers,
c'est-à-dire qu'à volume égal, ils pèsent moins que l'air qui

les enveloppe : il en est de la fumée dans l'air, comme du liége dans l'eau, celui-ci plongé au fond d'un vase rempli de ce liquide, s'élève bientôt à la surface, non parce qu'il est absolument léger, mais parce qu'il l'est relativement ; alors déplaçant un volume d'eau qui pèse plus que lui, il doit s'élever d'un mouvement accéléré dû à la pression constante qui s'exerce sur lui de bas en haut, pression qui est la différence de son poids à celui de l'eau déplacée (1).

---

(1) Dans ce cas, ne tenant aucun compte de la résistance du milieu, la vitesse du liége, lorsqu'il est élevé à une hauteur K au-dessus du point de départ sera $\sqrt{2\,g\cdot K}$.

faisant $\begin{cases} \text{la densité du liége} = d, \\ \text{celle de l'eau} = D, \end{cases}$

on a $g' = g\,\dfrac{D-d}{d}$ ce qu'on peut démontrer ainsi :

Soit un corps $\begin{cases} \text{dont le volume} = u \\ \text{la densité} = d \\ \text{la masse} = M \\ \text{la gravité du lieu} = g \end{cases}$

son poids est égal au produit de sa masse par la gravité, c'est-à-dire à $M\,g$.

Le poids est aussi égal au produit du volume par la densité, c'est-à-dire à $u\,d$; de là l'équation $M\,g = u\,d$ [1].

Si ce corps tombait en chute libre, ce qui veut dire soumis seulement à la gravité, lorsqu'il aurait parcouru un espace égal à K, sa vitesse serait $\sqrt{2\,g\,k}$ [98].

Mais ce corps étant plongé dans un liquide d'une densité D, il en déplace un volume égal au sien qui alors pèse $u\,D$; ce corps ne pèse donc plus que $u\,d - u\,D = u\,(d-D)$. Si on appelle g' ce qui lui reste de gravité, son poids relatif sera Mg' ; de là l'équation $Mg' = u\,(d-D)$. Combinant cette équa-

Ainsi donc, il n'y a pas de corps légers; le plomb, le duvet, la fumée, tout cela dans un vide parfait, tomberait avec la même vitesse, car la pesanteur agit avec la même force sur toutes les matières [98].

102. Recherchons actuellement comment doit se conduire la fumée dans une cheminée, appelant ainsi tout conduit qui, mis en communication avec un foyer, est chargé de porter au dehors les produits gazeux de la combustion.

---

tion avec celle [1] on en déduit cette proportion $Mg : Mg'$ $:: ud : u(d-D)$ qui, simplifiée, donne $g : g' :: d : d-D$ d'où $g' = g \dfrac{d-D}{d}$; telle est la force qui, agissant continuellement sur ce corps, lui donne, après qu'il a parcouru un espace K, une vitesse $= \sqrt{2g'K}$, d'après les lois examinées [98], et remplaçant g' par sa valeur on a pour la vitesse $\sqrt{2g'K\dfrac{d-D}{d}}.$

Lorsqu'on a $D > d$ la formule donne un résultat négatif, c'est dire alors que le corps s'élève au lieu de descendre; si on remplace $d-D$ par $D-d$, le résultat devient positif et il indique la vitesse ascensionnelle d'un corps plus léger que le fluide dans lequel il se meut.

C'est donc cette dernière expression qu'il faut prendre pour la vitesse du liége dans l'eau, pour celle d'un ballon dans l'air; elle conviendrait encore pour celle de la fumée, si celle-ci était enveloppée comme elle l'est dans un ballon ou montgolfière; mais cette enveloppe lui manquant, elle se diperse, et dès-lors toutes les conditions de son ascension sont changées. Lorsque la fumée est dans une cheminée, elle ne se trouve pas dans les mêmes circonstances, car elle n'est pas environnée et pressée en tous sens par le fluide ambiant, comme l'est le ballon dans l'air, en sorte que les conditions du mouvement sont autres que dans ce cas, il faut les rapporter à un principe que nous verrons bientôt.

Pour rendre la chose plus facile à saisir, faisons d'abord quelques suppositions qui nous meneront insensiblement au but.

Si on prend un syphon renversé, A B C D (*fig.* 1) à branches égales (1), et qu'on les remplisse d'un liquide, on sait qu'il se mettra de niveau dans les deux branches, c'est-à-dire que le plan A D, passant par le sommet des deux colonnes liquides, sera horizontal; car, dans ce cas, une molécule *m* étant également pressée en tous sens, elle ne peut prendre aucun mouvement. Cela posé, si on enveloppe la branche C D d'un tube ou manchon, et qu'entre les deux on fasse circuler de l'air chaud ou de la vapeur d'eau, il est évident que le liquide contenu en D C va, en s'échauffant, se dilater, et qu'alors, l'équilibre n'aura plus lieu; la molécule *m*, moins pressée de *m* en B que de *m* en C, va s'avancer dans ce dernier sens, et ainsi de celles qui la suivent; il y aura donc écoulement par l'extrémité D de la branche.

Il faut rechercher avec quelle vitesse cette molécule *m* se mouvra, et pour cela il faut analyser les forces qui agissent sur elle. Supposons que le liquide est de l'alcool; qu'en A B la température est o° et 78° en C D; des travaux de M. Gay Lussac nous ont appris que de o° à 78° l'alcool se dilate d'environ $\frac{1}{11}$ de son volume primitif; alors, puisqu'un volume 11 devient 12, la densité n'est plus que $\frac{11}{12}$ de ce qu'elle était, ou autrement dire, la colonne liquide en C D n'exerce plus qu'une pression égale à $\frac{11}{12}$ de celle qu'elle exerçait avant; donc le mouvement est déterminé par la pression d'une colonne liquide égale à $\frac{1}{12}$ de celle C D ou A B; si A B est de 24 mètres, la molécule *m* s'écoulera comme si elle tombait de deux mètres de hauteur; sa vitesse sera alors égale à $\sqrt{19,62 \times 2} = 6,26$ mètres par seconde [98].

(1) 2 tubes verticaux réunis par une branche horizontale.

105. Nous devons reprendre cette question plus généralement : représentons par h la hauteur A B, par D la densité du liquide dans cette branche, et par d celle du liquide contenu dans la branche C D; on sait que la pression qu'exerce une colonne liquide est proportionnelle à sa hauteur verticale et à sa densité; on peut donc représenter cette pression par le produit de ces deux quantités; ainsi m étant pressé d'un côté par h D, et de l'autre par $h\,d$, si on avait h D $=$ h d, ce qui ne pourrait être que dans le cas de D $= d$, l'équilibre aurait lieu; mais on a h D $>h\,d$, donc il y a mouvement. La pression motrice est h D $- h\,d$ ou $h\,(\text{D}-d)$, cette pression est exercée par une colonne liquide dont la hauteur $= h\dfrac{\text{D}-d}{\text{D}}$ (1), ainsi la molécule m se meut avec la même vitesse que si elle était tombée de cette hauteur, vitesse qui est égale à $\sqrt{19,62\ h\dfrac{\text{D}-d}{\text{D}}}$ (2).

---

(1) La pression d'une colonne fluide étant égale au produit de sa hauteur verticale $\times$ sa densité, il est certain que, connaissant la densité et la pression, en divisant l'une par l'autre, on a la hauteur ainsi, comme il est dit dans ce cas, la pression motrice étant $h\,(\text{D}-d)$ et le fluide qui exerce cette pression ayant D pour densité, la hauteur de la colonne qui presse $= h\dfrac{\text{D}-d}{\text{D}}$.

(2) On a vu [98] qu'un liquide qui s'écoule d'un réservoir prend la même vitesse qu'un corps qui serait tombé d'une hauteur égale à celle du liquide au-dessus de l'orifice d'écoulement, la molécule m cheminera donc avec une vitesse égale à $\sqrt{19,62\ h\dfrac{\text{D}-d}{\text{D}}}$ et poussera devant elle les autres avec la même vitesse; cette molécule et toutes celles qui la suivront

104. Reprenons encore cette question avec quelques différences, afin de nous approcher toujours un peu plus du
but. Soit un grand réservoir R *(fig.* 2) rempli d'un liquide
quelconque, dans lequel plonge un tube vertical A B librement ouvert aux deux bouts et enveloppé d'un manchon *a b*
tellement disposé que par une circulation d'air chaud ou de
vapeur d'eau, on puisse élever la température intérieure de
ce tube au-dessus de celle du liquide environnant. Ce dernier a nécessairement pénétré dans le tube A B. Représentons par h sa hauteur verticale dans ce tube et dans le réservoir, par D sa densité dans ledit réservoir, et par d celle
en A B; une molécule m est poussée de bas en haut par
une colonne froide dont la pression est h D et repoussée de
haut en bas par une colonne chaude dont la pression $= h\,d$;
elle doit s'élever à cause de $h\,d < h$ D et d'autres après
elle, de là écoulement par l'orifice A : quelle en sera la vitesse ? La différence de pression exercée sur m est $h\,(\mathrm{D}-d)$
c'est cette différence qui donne le mouvement et cette pression, mesurée en liquide de la densité de celui qui s'écoule

donne une colonne d'une hauteur égale à $h\dfrac{\mathrm{D}-d}{\mathrm{D}}$ alors la

vitesse de m à son entrée dans le tube AB est $\sqrt{19{,}62\,h\dfrac{\mathrm{D}-d}{\mathrm{D}}}$

résultat conforme au précédent, ce qui devait être, puisque
les conditions du problème sont les mêmes.

---

viennent de la branche AB, c'est encore du liquide froid,
c'est-à-dire dont la densité est D; s'il en était autrement, la
vitesse serait différente, il faut toujours estimer la hauteur
génératrice qui détermine l'écoulement en fluide de même
densité que celui qui s'écoule, c'est ce qu'on a fait ici, ce que
déjà nous avons fait pour trouver la vitesse de l'air, de la vapeur, etc.

La densité du fluide dans le tube AB pourrait être modifiée par d'autres causes, que la température, par exemple : ce pourrait être de l'eau qui, à mesure qu'elle pénétrerait dans ce tube, serait portée à l'ébullition et se saturerait en même temps de sel marin ; il n'en serait pas moins exact de dire que d étant la densité du liquide dans ce tube, la vitesse d'écoulement serait $\sqrt{19,62\, h \dfrac{D-d}{D}}$.

Nous voici arrivés au but, et en effet, que ce soit un fluide ou un autre dont il soit question dans le cas qui vient d'être examiné, la vitesse qu'il prendra à son entrée sera celle indiquée, alors imaginez que ce réservoir R est l'atmosphère et le tube AB une cheminée, rien ne sera changé à la manière de raisonner, et en conséquence, on trouvera les mêmes résultats pour la vitesse que doit prendre une molécule d'air en entrant dans ce canal ou cheminée. Ne perdons point de vue que c'est l'air froid qui jouit de cette vitesse ; d'ailleurs, examinons la question spécialement pour les cheminées.

105. Concevons un foyer F surmonté d'une cheminée AB (*fig.* 3) ; l'air extérieur ne pouvant pénétrer que par une ouverture C,

représentons par

- P. la pression des couches atmosphériques superposées au plan horizontal AD ;
- h la hauteur de la cheminée, c'est-à-dire, la verticale CD ;
- D la densité de l'air extérieur ;
- d la dentité moyenne de celui en AB.

une molécule d'air m placée dans le canal C est poussée de dehors en dedans par une force égale à P + hD, mais elle est repoussée de dedans en dehors par une force égale à P + $h d$; la différence de ces deux forces est $h\,(D-d)$ c'est la pression motrice qui détermine le mouvement de la molécule m et de toutes celles qui la suivront, une fois le mouvement commencé; l'air qui s'introduit ainsi par l'ouverture C est froid, sa densité est D; si on évalue la pression motrice en une colonne de cet air elle aura pour hauteur $h\dfrac{D-d}{D}$, c'est ce que nous nommons la hauteur génératrice de la vitesse, et cette vitesse $= \sqrt{19,62\,h\dfrac{D-d}{D}}$, ainsi qu'il a été trouvé précédemment.

Que l'air extérieur entre par le petit canal C, ou par des ouvertures ménagées entre les barreaux de la grille qui porte le combustible, c'est rigoureusement la même chose.

L'air introduit dans le fourneau s'y combine avec le charbon, et augmente beaucoup de volume, car il prend une température fort élevée, ce qui exige qu'alors il trouve un plus large passage; aussi depuis l'entrée nommée cendrier jusqu'au sommet de la cheminée, il y a une variation continuelle de volume, de température, de densité, et dès-lors de vitesse; il ne nous est pas utile de mesurer la vitesse dans tous les points : celle à l'entrée nous suffit; d'ailleurs, dans les autres parties, elle est facile à trouver par le calcul, cette première étant connue, comme nous le verrons bientôt.

106. Nous venons d'établir une formule de laquelle, à l'aide d'un calcul simple, on déduit la vitesse de l'air entrant dans un foyer, mais cette vitesse n'étant pas la même dans tous les points de la cheminée, il est convenable de rechercher suivant quelle loi elle varie. Si la cheminée, en appelant de ce nom le canal qui commence au foyer et finit au sommet, c'est-à-dire, depuis l'entrée de l'air extérieur jusqu'à sa sortie par l'orifice supérieur de ce canal (1),

---

(1) On donne des noms différens à quelques parties de ce

conservait, non pas la même forme, mais la même ouverture ou section, et si en même temps l'air conservait le même volume, la vitesse serait dans tous les points à très-peu près celle indiquée par la formule $\sqrt{19,62\ h\ \dfrac{D-d}{D}}$; maisil n'en est pas ainsi; toujours la section la plus petite est au foyer, c'est le passage entre les barreaux de la grille, puis elle s'élargit jusque vers la base de la partie verticale de ce canal (1), lequel diminue de section depuis sa base au sommet, du moins le plus ordinairement; la vitesse donnée par la formule est un *maximum,* c'est tout ce qu'on peut obtenir avec la pression motrice, laquelle dépend de la hauteur h et des densités D et d; elle n'existera donc que là où peut être le *maximum* de vitesse, c'est-à-dire, à la plus petite section, laquelle doit être à la grille, sans cela les constructions seraient vicieuses; dans les autres parties cette vitesse sera en raison composée directe de l'accroissement en volume et inverse de l'aggrandissement de la section. Si au-devant du cendrier d'un fourneau, on plaçait une porte percée d'une ouverture, la plus petite de tout le canal à air ou cheminée, ce serait là que serait la vitesse *maximum,* celle donnée par la formule (2).

---

canal, tels que cendrier, foyer, carneau ou galerie, et enfin cheminée proprement dite, c'est le tube vertical; mais ici, par la manière dont nous l'envisageons, nous pouvons nommer l'ensemble cheminée.

(1) Et cela doit être absolument, puisque l'air augmente de volume en traversant le foyer.

(2) Supposons un cylindre dans lequel joue un piston d'un mètre de diamètre fermé hermétiquement à sa base, excepté une ouverture d'un centimètre de diamètre destinée à l'introduction de l'air, les surfaces du piston et de cette ouverture

Les principes que nous avons posés pourraient à la rigueur nous suffire pour les calculs relatifs aux cheminées, ils sont simples, car ils peuvent être énoncés ainsi : chercher la densité de la fumée ou air brûlé, et celle de l'air

---

sont entre elles ∷ (100)² : (1)² ou ∷ 10000 : 1; maintenant, si le piston s'élève avec une vitesse d' 1 mètre par seconde, l'air rentrera-t-il assez rapidement pour ne pas laisser de vide dans le cylindre? non, car la vitesse de l'air, rentrant dans le vide, n'est que 396 mètres par seconde [98], donc il ne peut rentrer chaque seconde, qu'un cylindre d'air ayant 1 centimètre de base et 396 mètres de long et il faudrait qu'il eût 10000 m. de long pour que le vide laissé par le piston fût rempli; on voit par là que la vitesse *maximum*, celle qui résulte de la pression motrice, qui, ici est toute l'atmosphère, ne peut être dépassée.

On pourrait encore rendre ceci plus frappant par un autre exemple, soit un tube recourbé en syphon ABCD (*fig. 4*), un piston M s'appuyant sur la surface du liquide qui remplit ce tube, il peut exercer une pression plus ou moins grande sur ce liquide, si la pression du piston, plus celle de la colonne liquide MB est égale à celle de la colonne liquide DC, il y aura repos, car une molécule en *m* sera également pressée en tous sens, mais si, par un poids ajouté sur le piston, la pression devient double ou triple, etc., la molécule *m* se mouvra avec une certaine vitesse : appelons-la V.

Non-seulement cette molécule, mais toute la colonne liquide correspondante à la section en O prendra cette vitesse et viendra s'écouler par l'orifice D; cette vitesse sera-t-elle uniforme dans toute l'étendu du tube? oui, si la section est de même grandeur; mais supposons qu'on remplace le tube cylindrique CD par un tube évasé comme le montre la *fig. 4*, et tel que son ouverture supérieure soit quatre fois plus grande que la précédente, puisque la colonne CD est restée de même hauteur, sa pression est la même, et la vitesse dans la section O ne peut

extérieur, diviser la différence de ces deux densités par la plus grande, mesurant en mètres la hauteur verticale de la cheminée depuis le foyer, et la multipliant par 19,62, puis ce produit, par le quotient obtenu précédemment; enfin, extrayant la racine carrée, de ce résultat on aura la vitesse par secondes.

107. Nous allons maintenant développer cette question

qu'être égale à V; dans ce cas, l'orifice supérieur étant 4 fois plus grand que la section O, la vitesse à cet orifice ne sera q' $\frac{1}{4}$ de ce qu'elle est en oo, c'est-à-dire $\frac{V}{4}$. Si au contraire, on donne au tube une forme rétrécie, telle que l'orifice D ne soit q' $\frac{1}{4}$ de ce qu'il était d'abord, une molécule en m' n'est pas plus pressée de bas en haut que dans le premier cas; donc, elle ne saurait prendre une plus grande vitesse que dans ce cas, c'est-à-dire, la même qu'il y avait en O, c'est V, mais la section O se trouvant 4 fois plus grande que celle D, la vitesse à ladite section se sera plus que $\frac{V}{4}$.

Enfin, reprenons la première disposition, c'est-à-dire, le tube ABCD égal dans toute sa longueur, et par un diaphragme placé en O diminuons cette section à $\frac{1}{4}$, la vitesse de m ne peut augmenter pour cela, donc, la dépense en liquide ne sera que $\frac{1}{4}$ de la quantité primitive, et en conséquence la vitesse en D ne sera plus que $\frac{V}{4}$.

Il n'est plus possible actuellement d'ignorer où il faut chercher le *maximum* de vitesse dans une cheminée, car cet appareil est dans les mêmes circonstances, le piston M représente la pression de l'atmosphère, du reste tout est semblable.

sur plusieurs points : d'abord voir ce qu'est ordinairement la composition chimique de l'air brûlé ou fumée, ensuite comment s'expriment les densités de cette fumée et de l'air extérieur en fonction de la température, afin d'en déduire une formule plus générale. Supposons d'abord que la densité de l'air qui s'écoule par une cheminée, n'est modifiée que par la température (ce qui est vrai pour les calorifères), on sait que tous les gaz se dilatent $d'\frac{1}{267}$ de leur volume à zéros pour chaque degré [19], ainsi une masse d'air dont le volume à zéros est 267, devient à la température $t°$ $267 + t$, et à la température $T°$ elle deviendrait $267 + T$, mais la densité d'une masse d'air, c'est-à-dire son poids relatif, est en raison inverse de son volume (1),

ainsi $\left\{ \begin{array}{l} \text{l'air extérieur ayant} \left\{ \begin{array}{l} \text{une densité D} \\ \text{une température } t° ; \end{array} \right. \\ \text{l'air intérieur aura} \left\{ \begin{array}{l} \text{à la température } T° \\ \text{une densité } d : \end{array} \right. \end{array} \right.$

la valeur de d se trouve par cette proportion $267 + T : 267 + t :: D : d$

d'où $d = D \dfrac{267 + t}{267 + T}$ (2) la formule qui donne la vitesse est

$$V' = \sqrt{19{,}62\ h\ \frac{D - d}{D}}$$ [105] en y substituant la valeur de

---

(1) La densité d'un corps est égale à son poids divisé par son volume [   ], alors si le volume double, triple, etc., le poids restant le même, la densité n'est plus que $\frac{1}{2}$, $\frac{1}{3}$, de ce qu'elle était.

(2) Si le volume d'air entré dans le fourneau est 267 à 0°, par exemple, 267 litres; à la température $t°$, il sera $267 + t$ et à la température intérieure $267 + T$, le poids n'en a pas changé alors les densités sont en raison inverse de ces volumes, ce qui donne la proportion ci-dessus.

d on aura $V = \sqrt{19,62\, h \dfrac{D - D\,\dfrac{267 + t}{367 + T}}{D}}$ et en faisant

les calculs et réduct. convenables $V = \sqrt{19,62\, h\left(\dfrac{T - t}{267 + T}\right)}$

Pour familiariser avec l'usage de ces formules, prenons un exemple numérique :

Soit $\begin{cases} h = 20 \text{ mètres ;} \\ t = 0° ; \\ T = 100° ; \end{cases}$

la vitesse avec laquelle l'air froid entrerait dans cette cheminée serait égale à $\sqrt{19,62 \times 20 \times \dfrac{100}{367}} = \sqrt{106,92}$

$= 10,34$ mètres par seconde (1).

108. L'air qui est dans une cheminée n'est pas de l'air pur, c'est de l'air brûlé, appelant ainsi de l'air qui s'est, combiné avec le combustible, c'est-à-dire, de l'air impropre à opérer une nouvelle combustion (2). Cet air brûlé est un mélange de divers gaz dont les principaux sont l'azote, l'acide carbonique formé et l'oxigène échappé à la combinaison;

---

(1) On peut vérifier cette application de la formule en faisant ce calcul sur d'autres bases, on dira : un volume d'air 267 à 0° devient 367 à 100°, sa densité est alors $\frac{267}{367}$ de ce qu'elle était ; ainsi la colonne intérieure ne presse que comme si elle avait pour hauteur $\frac{267}{367}$ de 20 mètres ou comme une colonne d'air à 0° de 14,55 mètres, la hauteur génératrice est donc $20 - 14,55 = 5,45$ mètres ; de là suit que la vitesse $= \sqrt{19,62 \times 5,45} = 10,34$ mètres.

(2) Il est vrai de dire que c'est le combustible qui est brûlé et non pas l'air, mais ce langage est reçu.

on y trouve souvent de la vapeur d'eau, de l'hydrogène carboné et de l'oxide de carbone ; puis des fois, si le combustible est sulfureux, de l'acide sulfureux, de l'hydrogène sulfuré, enfin, une assez grande quantité de cendres et de charbon en suspension. De tous ces gaz, les trois premiers seulement sont constans, les autres n'y étant qu'accidentellement et en petite quantité ; nous n'en tiendrons aucun compte, car, les uns plus légers que l'air brûlé, les autres plus pesans, donnent une moyenne telle, qu'on n'est pas loin de la vérité en négligeant de tenir compte de leur présence (1).

109. Moins il restera d'oxigène dans l'air brûlé, plus la combustion sera avantageuse, et plus la température sera élevée [61] ; car elle l'est d'autant plus que dans un espace et dans un temps donnés, il y a plus de combustible brûlé ; tel est donc le but qu'on doit se proposer. Une des conditions pour l'atteindre, c'est que l'air traverse le combustible avec une assez grande vitesse, c'est-à-dire que le tirage soit très-fort, sans cela la combustion est languissante ; il n'y a qu'une faible température de produite, en sorte qu'il échappe beaucoup d'oxigène à la combinaison ; la vitesse qui paraît bonne pour les fourneaux à produire la vapeur est de 12 à 20 m. par seconde, pour les fourneaux à réverbère elle est de 20 à 30 mètres, selon la plus ou moins grande épaisseur de la couche du combustible que l'air doit traverser (2).

---

(1) Lorsque le combustible est le bois ou la tourbe, alors la vapeur d'eau forme une grande partie du mélange, et, pour être exact, il faut en tenir compte.

(2) On sait que le forgeron dirige le vent de son soufflet sur un espace assez petit afin d'obtenir une haute température et une combustion parfaite et rapide, la vitesse ordinaire de l'air poussé par le soufflet de forge est de 20 à 24 mètres, et

Non-seulement cette vitesse est nécessaire pour vaincre la résistance qu'éprouve l'air à son passage à travers les interstices capillaires que laisse le combustible (1), mais encore pour enlever à ce combustible la couche de cendres qui se dépose à sa surface, à mesure que la partie propre à être brûlée se dissout dans l'oxigène; cette couche de cendres fait comme un vernis qui protége le combustible contre le comburant, et ce n'est que par la grande vitesse de l'air qu'elle peut être détachée continuellement. Ne sait-on pas que dans les forges, dans les fonderies, l'air est poussé violemment sur le combustible, quelquefois avec une vitesse qui dépasse 150 mètres; cependant jamais il ne l'est trop vivement, car la combustion ne s'en fait que mieux; la seule limite à cette vitesse est la limite économique.

Lorsque la combustion est fort active et bien menée, on parvient à combiner les $\frac{2}{3}$ et même les $\frac{3}{4}$ de l'oxigène de l'air avec le combustible qu'il traverse, mais le plus ordinairement il n'y en a que la moitié; c'est sur cette base que

---

cette vitesse doit augmenter avec l'épaisseur de la couche du combustible, c'est-à-dire, avec la grandeur de la forge. Si le forgeron mettait une tuyère d'une ouverture double, l'air fourni par le soufflet serait en même quantité, mais avec une vitesse 4 fois moindre, alors il ne pourrait réussir à chauffer. J'ai vu plusieurs fois cet inconvénient arriver à des forges en changeant de tuyères.

(1) On sait, d'après les expériences de M. Girard, que l'écoulement des liquides par des tubes très-fins cesse, même sous des pressions considérables; celles de M. Faraday montrent les mêmes résultats dans les fluides élastiques. L'air qui traverse le combustible ne le fait que par une infinité de tubes capillaires; il faut donc une pression assez grande pour vaincre cette résistance.

nous établirons nos calculs, quoique l'on doive viser à mieux faire, et c'est possible.

Dans cette supposition, 1000 litres d'air qui, dans les conditions normales, sont composés

de $\left\{\begin{array}{l} 790 \text{ litres d'azote} \\ 210 \text{ litres d'oxigène [35]} \end{array}\right.$ donnent après la

combustion (en les supposant ramenés aux conditions normales),

1000 litres d'air $\left(\begin{array}{l} 790 \text{ litres d'azote,} \\ 105 \text{ d}^{\circ} \text{ d'acide carbonique,} \\ 105 \text{ d}^{\circ} \text{ d'oxigène;} \end{array}\right.$
brûlé composés
de (1)

de là nous déduirons la densité de l'air brûlé, ou plutôt $\frac{1}{2}$ brûlé, puisqu'il y reste encore la moitié de son oxigène.

Dans les conditions normales de température et de pression, on sait que

kilog.

790 litres d'azote pèsent 790 fois 0,001262 = 0,9970
105 litres d'acide carbonique, 105 fois 0,001974 = 0,2075
105 litres d'oxigène pèsent 105 fois 0,001434 = 0,1505

Le mètre cube ou 1,000 litres d'air $\frac{1}{2}$ brûlé

pèse alors dans ces conditions ____1,355

Dans les mêmes conditions, 1 mètre cube d'air pèse 1,298 kilog., et à volume égal les densités sont proportionnelles aux poids; ainsi représentant par p la densité de l'air, et par p' celle de l'air $\frac{1}{2}$ brûlé, on a 1,298 : 1,355 :: $p : p'$, et dans ces conditions normales faisant p = 1, on en déduit $p' = \dfrac{1355}{1298} = 1,043$.

---

(1) On sait que l'oxigène, transformé en acide carbonique et ramené aux conditions primitives de température et de pression, n'a pas changé de volume [36].

110. Reprenons nos calculs de vitesse, c'est-à-dire la formule $v = \sqrt{19{,}62\, h\, \dfrac{D-d}{D}}$ [105] pour y faire entrer ces nouvelles données de la valeur de d et celle de D en ayant égard à la température.

Soit 1 la densité de l'air extérieur dans les conditions normales, sa densité à la température t° sera D, un volume 267 sera devenu $267 + t$, et les densités étant en raison inverse des volumes on aura $267 + t : 267 :: 1 : D$ d'où $D = \dfrac{267}{267 + t}$.

Soit δ la densité de l'air brûlé dans les conditions normales, à la température T, cette densité sera changée, on la trouvera égale à $\delta\, \dfrac{267}{267 + T}$ (1). Voici la valeur de d; portons-la donc ainsi que celle de D dans la formule, elle devient alors

$$V = \sqrt{19{,}62\, h\, \dfrac{\dfrac{267}{267+t} - \dfrac{267\,\delta}{267+T}}{\dfrac{267}{267+t}}}$$ effectuant les

calculs et réductions, il viendra pour formule définitive

$$V = \sqrt{19{,}62\, h\left(1 - \delta\, \dfrac{267 + t}{267 + T}\right)}.$$

(1) On sait que les densités sont en raison inverse des volumes: de là la proportion $267 + T : 267 :: \delta : d$ et $d = \delta\, \dfrac{267}{267+T}$ mais δ, quand l'air est à $\frac{1}{2}$ brûlé $= 1{,}043$ [109], alors dans ce cas, on a $d = 1{,}043\, \dfrac{267}{267+T}$ ou $d = \dfrac{278{,}48}{267+T}$.

Appliquons actuellement cette formule à un cas particulier.

$$\text{Soit} \begin{cases} t = 0°; \\ T = 300°; \\ h = 20 \text{ mètres}; \\ \delta = 1,043 \ (\text{c'est la densité de l'air } \tfrac{1}{2} \text{ brûlé}) \ [109], \end{cases}$$

dans ce cas on aura pour la vitesse ,

$$V = \sqrt{19,62 \times 20 \left(1 - 1,043 \, \frac{267}{267 + 300} \right)} =$$

$$\sqrt{19,62 \times 20 \left(1 - \frac{278,48}{567} \right)} = 14,13 \text{ mètres (1)}.$$

111. Cette formule générale

$$V = \sqrt{19,62 \, h \left(1 - \delta \, \frac{267 + t}{267 + T} \right)} \text{ peut, selon le be-}$$

soin, donner la valeur de h, de T ou de V, il suffit de lui faire

---

(1) N'employant pas la formule, voici comment on pourrait faire ce calcul, ce qui, d'ailleurs, revient absolument au même pour les opérations et les résultats. On cherche d'abord la densité de l'air $\tfrac{1}{2}$ brûlé à 300°, et pour cela on dit : La densité de cet air à 0° $= 1,043$, de plus, on sait que 267 litres à 0° deviendrait 567 à 300°, alors d étant la densité cherchée, on a la proportion $567 : 267 :: 1,043 : d$, de laquelle on déduit $d = \frac{267}{567} \times 1,043 = 0,491$. La densité de l'air extérieur est 1 (en supposant qu'il est pur, sec et le baromètre à 760 millimètres) : donc une colonne d'air brûlé de 20 mètres d'élévation presse comme une colonne d'air extérieur ayant pour hauteur 0,491 de 20 mètres, c'est $0,491 \times 20 = 9,82$ m. : la différence de ces deux colonnes est $20 - 9,82 = 10,18$ m., c'est la hauteur génératrice de la vitesse qui, dans ce cas, est égale à $\sqrt{19,62 \times 10,18} = \sqrt{199,73} = 14,13$ mètres comme ci-dessus.

subir les transformations et réductions convenables ; alors on aura ces trois formules qui n'en font qu'une :

$$V = \sqrt{19{,}62\ h\left(1 - \delta\ \frac{267 + t}{267 + T}\right)}$$

$$T = \frac{19{,}62\ h\ \delta\ (267 + t)}{19{,}62\ h - V^2} - 267;$$

$$h = \frac{V^2}{19{,}62\left(1 - \delta\ \frac{267 + t}{267 + T}\right)}$$

Nous pourrions dès à présent essayer à résoudre quelques question afin d'apprendre l'usage de ces formules.

PREMIER PROBLÈME. On a une cheminée de 25 mètres de hauteur, le plus petit passage à la grille est d' $\frac{1}{4}$ de mètre carré, la température moyenne de la cheminée est de 400 degrés, et à l'extérieur de 25 degrés, la fumée étant de l'air $\frac{1}{2}$ brûlé ; on demande combien elle pourra fournir d'air au combustible par heure ?

Dans cette question les données sont :
$$\begin{cases} t = 25° ; \\ T = 400° ; \\ h = 25 \text{ mètres} ; \\ S = 0{,}25 \text{ mètres carrés} ; \\ \delta = 1{,}043\ [109]. \end{cases}$$

La vitesse à la grille est égale à

$$\sqrt{19{,}62 \times 25\left(1 - 1{,}043\ \frac{267 + 25}{267 + 400}\right)} =$$

$\sqrt{490{,}5 \times 0{,}543} = 16{,}32$ mètres.

Le volume d'air qui passera chaque seconde sera le produit de cette vitesse, par la surface ouverte ou section S, c'est donc $16{,}32 \times 0{,}25 = 4{,}08$ mètres cubes (1) ; en une

_____

(1) Cependant, cela n'est qu'un résultat théorique, et nous

9*

heure on aura 3600 fois ce volume = 4,08 × 3600 = 14688
mètres cubes d'air à 25°, ou bien 13430 mètres cubes
d'air à 0° [19] (1).

2° PROBLÈME. — On a une cheminé de 30 mètres, la fumée qui s'y écoule est de l'air ½ brûlé, la température de
l'atmosphère est de 20°. On demande à quelle température
moyenne doit être la fumée pour que la vitesse de l'air, à
l'entrée de la grille, soit de 20 mètres par seconde ?

Les données de la
question sont :
$$\begin{cases} V = 20 \text{ mètres;} \\ t = 20°; \\ h = 30 \text{ mètres;} \\ \delta = 1,043; \\ T = \text{inconnu.} \end{cases}$$

La formule donnera

---

verrons que plusieurs causes tendent à le diminuer. La plus
puissante est la résistance que le combustible oppose au passage de l'air.

(1) On pourrait demander quel est le poids de ce volume
d'air, supposons-le pur, sec, et de plus, sous une pression
mesurée, au baromètre par 760 millimètres de mercure;
dans ces conditions le mètre cube d'air pèse 1,298 kilogrammes [35]; donc, le poids cherché est 1,298 × 13430
= 17432 kilogrammes à très-peu près. Nous remarquerons,
cette fois pour toutes, que notre calcul est fondé sur la supposition que l'air est sec, pur, et sous une pression équivalente à 760 millimètres de mercure; mais il arrive souvent
que l'air atmosphérique est saturé de vapeur d'eau, ou
que la pression est moindre : alors si on voulait avoir des
résultats très-exacts, il faudrait tenir compte de ces modifica-
tions; dans la plupart des cas, il serait inutile de le faire,
mais nous verrons qu'il en est quelques-uns dans lesquels
ces causes influent sensiblement sur le tirage des cheminées.

$$T = \frac{19,62 \times 30 \quad 1,043 \times 287}{(19,62 \times 30) - 400} - 267, \text{ faisant ces calculs}$$

$$T = 666°.$$

On voit par ce résultat que, pour obtenir une vitesse égale à celle du plus faible soufflet de forgeron [109 et   ], la cheminée doit être déjà passablement haute et la fumée à une température très-élevée; les fourneaux à réverbères, employés à la fusion des métaux, sont dans ce cas, ils ne marchent bien que lorsque la flamme sort au sommet de la cheminée, ce qui suppose une température de 600° au moins.

3° PROBLÈME.—On veut établir une cheminée : la vitesse de l'air à la grille doit être de 16 mètres, la température extérieure est 0°, et celle intérieure sera de 400°; on demande quelle hauteur il faut donner à cette cheminée pour atteindre le but proposé, la fumée étant de l'air $\frac{1}{2}$ brûlé?

Les données sont :
$$\begin{cases} t = 0°; \\ T = 400°; \\ \delta = 1,043 \ [109]; \\ V = 16 \text{ mètres}; \\ h = \text{inconnu}; \end{cases}$$

la formule indique pour ce cas,

$$h = \frac{256}{19,62 \left(1 - 1,043 \dfrac{267}{667}\right)} = \frac{256}{11,44} = 22,37$$

mètres ou environ 22 mètres $\frac{1}{3}$.

112. Il semblerait que ces trois problèmes sont le type complet des questions de ce genre, et qu'alors il n'y a rien à ajouter, mais ces conditions théoriques sont loin d'être suffisantes à la solution complète, et il nous faut entrer dans des détails assez étendus.

D'abord, la vitesse, telle que nous l'avons trouvée dans le premier problème, serait celle de   air atmosphérique lors de son passage à travers la grille, si nul obstacle ne s'y opposait; mais déjà nous avons dit [109 et 111] que le combustible offre une très-grande résistance au mouvement de l'air, ce qui, en conséquence, diminue sa vitesse : diverses observations me font admettre, que pour les foyers de moyenne grandeur et dans lesquels l'épaisseur de la couche du combustible est 6 à 8 centimètres, la vitesse est réduite à $\frac{1}{2}$ V; et pour les grands foyers où l'épaisseur de cette couche varie de 8 à 12 centimètres, cette vitesse peut être réduite à $\frac{1}{3}$ V.

Cela posé, voyons quelles doivent être les grandeurs des différentes sections par lesquelles l'air brûlé ou fumée passera avant son évacuation définitive dans l'atmosphère, pour que la vitesse y soit celle que l'expérience a constaté être la meilleure. D'abord le volume de cet air augmente considérablement en traversant le foyer, car sa température varie entre 1600° et 2000°, supposons-la moyennement de 1800°; on sait que 267 litres d'un gaz à 0° deviennent égaux en volume à 267 + 1800 = 2067 litres, lorsque la température est élevée à 1800°. On voit donc que l'air, en traversant le foyer, prend un volume près de 8 fois plus grand; ainsi, il faut au foyer une capacité suffisante pour lui permettre ce développement sans aucune gêne (1). En arrivant vers les galeries ou carneaux, la température de cet air brûlé est d'environ 800°; son volume est donc sensiblement qua-

---

(1) Cette capacité relative du foyer sera variable avec la nature du combustible et la température produite. Ainsi, le bois exige moins d'air pour brûler, et il donne une moindre température que la houille, mais aussi il fournit moins de calorique, et il se forme une grande quantité de vapeur d'eau, toutes choses qui modifient la capacité du foyer.

druple de ce qu'il était à l'entrée, et alors, pour que la vitesse ne cesse pas d'être la même, ce qui doit être, il faut un passage 4 fois plus grand que celui d'introduction. Appelons Q la quantité ou volume d'air nécessaire au combustible chaque seconde et V la vitesse théorique (celle déduite de la formule [110]); à l'entrée du carneau, ce volume sera 4 Q, et la vitesse entre $\frac{1}{2}$ et $\frac{1}{8}$ de V; supposons le premier cas, alors la surface ou section ouverte du carneau sera exprimée par $\dfrac{4\,Q}{\frac{1}{2}\,V} = 8\,\dfrac{Q}{V}$. La galerie doit partout conserver la même ouverture, cependant je préfère qu'elle s'agrandisse à mesure qu'elle s'éloigne du foyer. La fumée cédant à chaque pas du calorique aux corps qu'elle enveloppe, diminue de volume et aussi de vitesse; cette diminution dans la vitesse est nécessaire pour que cette fumée ait le temps de céder du calorique aux corps environnans, car elle le cède d'autant moins vite, que sa température diffère moins de celle des corps avec lesquels elle est en contact (1); enfin, arrivée dans la cheminée vers sa base, la température de la fumée varie entre 450° et 550° pour les fourneaux qui marchent bien; le volume d'air introduit chaque seconde étant Q, il est alors 3 Q; car, à la moyenne de cette température, le volume de l'air est sensiblement triplé; si on voulait encore conserver la vitesse $\frac{1}{2}$ V, il faudrait que la section fût $\dfrac{3\,Q}{\frac{1}{2}\,V} = 6\,\dfrac{Q}{V}$; mais l'usage prouve que vers la base d'une cheminée la vi-

----

(1) La diminution de vitesse est cause que dans la galerie il se dépose de la cendre et du charbon, entraînés depuis le foyer par le courant d'air, et c'est essentiellement en cela qu'il devient nécessaire que l'ouverture du carneau soit de plus en plus grande, afin de prévenir tout engorgement.

tesse doit être de 1 à 3 mètres (1) ; si elle était plus grande, les frottemens opposeraient une résistance sensible comme l'a démontré M. Péclet (2) ; dès-lors, prenant le terme moyen de ce résultat d'expérience, la vitesse à la base de

---

(1) Pour les grands foyers, on peut conserver, à la base de la cheminée, une vitesse de 3 mètres et celle d'un mètre convient aux petits ; car, dans ces derniers, le volume d'air entré chaque seconde est faible ; dès-lors, s'il s'écoulait avec beaucoup de vitesse, le canal de la cheminée devrait être fort étroit ; la masse de la fumée contenue dans ce canal serait petite, et les vents d'une part, les frottemens de l'autre, pourraient assez diminuer la vitesse pour nuire au tirage. Dans les grandes cheminées, le frottement n'est pas proportionnnel, car la surface frottante n'est que double quand la surface d'ouverture est quadruple ; de plus, la masse de fumée contenue dans le canal est assez grande pour que les vents ne puissent avoir aucune influence ; dans ces dernières alors, on peut diminuer cette masse en augmentant la vitesse.

(2) M. Péclet a mesuré, par des expériences directes, le frottement que l'air brûlé éprouve dans les cheminées ; il a reconnu qu'il variait avec les matières dont elles sont formées : toutes choses égales, le frottement étant 1 dans une cheminée en fonte, il sera 2 dans une cheminée en tôle, et 5 dans une cheminée en briques ou en poterie. On observera cependant que, par l'usage, toutes ces cheminées se recouvriront intérieurement d'un même enduit, en sorte que les frottemens tendront à s'égaliser dans toutes. Ce frottement doit d'ailleurs varier avec la température, et cependant on n'a pas déterminé de combien ; il variera avec la nature du combustible, et les expériences de M. Péclet n'ont été faites qu'avec du charbon de bois qui donne une fumée bien différente de celle qui résulte de la houille ou du bois ; enfin, ce frottement, toutes choses égales, sera proportionnel au dia-

la cheminée devra être 2 mètres par seconde , et la surface de cette base égale à $\dfrac{3\,Q}{2} = \tfrac{1}{2}\,Q$.

Un usage constant et qui n'est pas seulement un usage, mais une nécessité, c'est de rétrécir la section de la cheminée en allant de la base au sommet, à peu près dans le rapport d' 1 à $\tfrac{1}{2}$ ou d' 1 à $\tfrac{1}{3}$, alors la vitesse au sommet est double ou triple de celle à la base, pas tout-à-fait cependant; car, de la base au sommet, le volume diminue avec la température. Cette augmentation de vitesse est nécessaire pour vaincre toutes les perturbations atmosphérique dues aux vents, au soleil, à l'humidité de l'atmosphère, etc. La diminution d'ouverture fait que la colonne ascendante ne peut se diviser et accorder passage à l'air extérieur, ce qui aurait lieu si la vitesse était très-faible et l'ouverture trop large.

---

mètre de la cheminée et au carré de la vitesse. Cette augmentation du frottement ∷ le carré de la vitesse, résulte d'expérience de MM. Girard , Cagniard de Latour, Daubuisson, et aussi de celles de M. Péclet; cependant on a lieu d'en être étonné, puisque pour des corps solides, M. Coulomb démontra par des expériences très-bien faites, que toutes choses égales, les frottemens n'augmentaient qu'en progression arithmétique lorsque les vitesses croissaient en progression géométrique. Quoi qu'il en soit, je crois que dans une cheminée le frottement est trop peu de chose et encore trop peu connu pour le faire entrer dans la formule de la vitesse. Nous verrons [117, 118, 119] qu'on néglige des forces bien plus considérables que celle-là dans cette question à cause de la difficulté qu'il y aurait à en tenir compte. En général, toutes les questions du mouvement des fluides sont encore loin d'être résolues exactement.

113. Les principes que nous venons de poser sont relatifs aux fourneaux destinés à produire de la vapeur, soit dans le but de réduire des substances salines, soit comme moyen de chauffage, ou bien encore pour développer la puissance mécanique du feu. Ils ne sont pas fixés sur des bases aussi mathématiques que certains esprits pourraient le désirer, mais dans l'absence où nous sommes d'expériences rigou- reuses, il est difficile de donner des formules plus exactes, et cela sera encore long-temps impossible à cause de la com- plication de cette question, et des innombrables modifica- tions qu'y apportent les circonstance atmosphériques.

J'ai appliqué ces lois à des fourneaux bien construits, de ceux dont les résultats économiques sont les meilleurs de tous, et je les ai trouvées exactes; je crois difficile de faire plus aujourd'hui, et j'assure que le praticien peut s'appuyer sur ces bases avec confiance, il ne fera point d'erreur.

La section, à la base d'une cheminée déterminée ainsi que je l'ai dit [112] sera peut-être trouvée un peu grande, ce qui résulte de l'opinion où je suis, que dans une che- minée la vitesse moyenne doit être de 2 mètres, mais je préfère en agir ainsi; mes observations ne m'ont jamais dé- montré de cheminées trop larges, mais souvent de trop étroites, et d'ailleurs, à l'aide d'un registre (1), on diminue cette ouverture autant qu'on le veut.

_____

(1) On nomme ainsi une grande plaque de tôle ou de fonte, glissant dans un châssis de même matière, qui peut fermer la cheminée. Elle est pour les petites cheminées posées ho- rizontalement à la base desdites, de manière à intercepter la communication entre la galerie et la cheminée; pour les grandes, elle est verticale et se place alors dans le canal qui conduit du fourneau à la cheminée.

114. La méthode que je viens d'indiquer pour résoudre les diverses questions relatives aux cheminées ne laisse plus d'incertitudes, comme dans celle suivie jusqu'à ce jour; dans celle-ci, on fixait arbitrairement la hauteur d'une cheminée, et partant de là, on calculait la vitesse, et ensuite la section nécessaire pour écouler une quantité donnée d'air brûlé; mais alors rien n'empêchait d'errer dans la première fixation, en voici une preuve pour exemple : on sait que, toutes choses égales, la vitesse de la fumée est proportionnelle à la racine carrée de la hauteur de la cheminée, car on a [105]

$$V = \sqrt{19,62\ h\ \frac{D-d}{D}} \quad \text{et pour une autre cheminée}$$

$$V' = \sqrt{19,62\ h'\ \frac{D-d}{D}}\ \text{d'où}\ V : V' :: \sqrt{h} : \sqrt{h'}\ ;\ \text{de là}$$

on doit conclure que, pour obtenir l'écoulement d'une quantité donnée de fumée, mieux vaut augmenter le diamètre que la hauteur, car le volume écoulé dans un temps donné, une seconde par exemple, sera proportionnel à la surface, c'est-à-dire au carré de diamètre et à la vitesse, c'est-à-dire à la racine carrée de la hauteur. Le coût de la construction sera à peu près dans le même cas, une cheminée coûte proportionnellement à sa hauteur, et même davantage, car plus on la fait élevée, plus il faut donner de solidité à sa base, c'est-à-dire, une plus grande épaisseur aux murailles qui la forment, tandis que le développement des murailles étant proportionnel au diamètre, leur coût n'est qu'en raison de la racine carrée de l'ouverture ou section, et de plus encore, étant moins élevée, on la fait moins épaisse (1).

---

(1) Supposons une cheminée de 144 pieds dont la section est un cercle de 4 pieds de diamètre on pourrait, d'après cette manière de voir, le remplacer convenablement par une che-

Ainsi, partant de ce principe, on dira : La meilleure cheminée sera la moins élevée, et on sera confirmé dans cette
opinion, si on tient compte des frottemens. Mais cependant
ce raisonnement, très-exact en apparence, conduit à une
absurdité, due à ce que nous regardons comme seulement
utile le volume d'air écoulé ; or, ce n'est pas le seul point
nécessaire, il faut encore que la vitesse soit convenable,
comme nous l'avons dit [109]. Sans cela on ne pourra
brûler le combustible d'une manière économique, et même
il pourrait bien ne pas brûler du tout.

115. Tout ce qui a été dit ci-dessus convient essentiellement aux cheminées des fourneaux destinés à la production
de la vapeur, mais, si on saisit l'esprit de cette méthode, on
peut l'appliquer à d'autres fourneaux, en y portant la modi-
fication que le cas exige ; par exemple, s'agit-il d'un four-

minée ayant une hauteur de 9 pieds, et pour section un
cercle de 8 pieds ; car la vitesse étant $::$ les racines carrées
des hauteurs on aura $\sqrt{144} : \sqrt{9} :: V : x$ ou $12 : 3 :: V : \frac{1}{4}V$,
la vitesse ne sera donc plus que le quart de la première,
mais les surfaces sont $::$ les carrés des diamètres, donc avec
un diamètre double, la surface est quadruple ; ainsi la quantité
écoulée chaque seconde sera la même.

Le prix de cette dernière cheminée serait 8 fois moindre,
car le développement de la muraille est double, mais elle est
16 fois moins haute, ainsi l'économie sera de $\frac{7}{8}$ du coût ; mais
cette économie sera bien plus grande encore, car une muraille de 9 pieds de haut peut être très-mince sans inconvénient et aussi les frais de construction sont bien moindres
lorsqu'il ne s'agit pas de porter les matériaux à une grande
élévation ; on peut donc croire que cette dernière couterait au
$\frac{1}{20}$ de plus la première, mais pourrait-elle servir ? on dira
hardiment non.

neau à réverbère pour fondre les métaux, alors le principal
but est de produire une haute température, c'est là où est
l'économie, puisque sans elle on pourrait chauffer fort long-
temps sans obtenir la fusion ou la réduction qu'on se propose; il faut donc tout faire pour activer la combustion, et,
à cette fin, faire entrer l'air avec la vitesse la plus grande
possible; cette vitesse, suivant la grandeur du fourneau,
c'est-à-dire selon l'épaisseur de la couche de combustible dans
le foyer, variera entre 20 et 30 mètres : on l'obtiendra par
l'élévation de la cheminée et celle de la température à laquelle la fumée y entrera; 6 à 700 degrés ne sont rien de trop
dans la plupart de ces fourneaux, il n'y a pas de galerie,
mais c'est peut-être à tort; une galerie peu longue, inclinée à
l'horizon, et dans laquelle on déposerait les divers corps qu'il
s'agit de fondre plus tard, dans un ordre tel que l'air chaud
se trouve en contact avec des corps de plus en plus froids
à mesure qu'il s'éloigne du foyer, servirait à utiliser ainsi
tout ce qu'il est posssible dans ce genre d'emploi de la chaleur, et procurerait une économie de combustible sans nuire
au résultat; on donnerait à cette galerie une ouverture
proportionnée au volume d'air nécessaire à la combustion,
et en raison de la vitesse : ainsi Q étant le volume d'air
à $0°$ que le combustible exige chaque seconde, et V la vitesse
théorique [110], dans cette galerie la vitesse serait sensiblement $\frac{1}{3} V$, et la température y étant d'environ $1000°$
à $1100° =$ le volume Q, est devenue, à très-peu près $5 Q$;

dès-lors la section doit être égale à $\dfrac{5\,Q}{\frac{1}{3}\,V} = 15\,\dfrac{Q}{V}$. Dans

la cheminée, on laisserait la même section, la vitesse y serait moindre puisque la température n'y est plus que 6 à $700°$,
et qu'alors le volume, au lieu d'être $5\,Q$, est peu supérieur
à $3\,Q$; alors les vitesses, dans la galerie et dans la cheminée,
seront entre elles $:: 5 : 3$, appelant x cette dernière, on
a cette proportion $5 : 3 :: \frac{1}{3} V : x$, qui donne $x = \frac{1}{5} V$;

mais V est, terme moyen, égal à 25 mètres, donc $x =$ 5 mètres. Cette quantité est un peu au-dessus de la vitesse indiquée [112], mais elle n'a rien de trop dans ce cas; nous avons dit que plus la masse de combustible brûlé par seconde était grande, et plus on pouvait laisser de vitesse à la fumée dans la cheminée, parce qu'alors les influences atmosphériques n'ont aucun effet appréciable; les frottemens qui résultent de cette vitesse sont encore peu de chose, et peuvent d'ailleurs être regardés comme nuls avec une pareille force ascensionnelle.

Enfin, on voit que dans tous les cas ou devra se guider d'après les données précédentes, et celles que la pratique suggérera.

116. Lorsqu'on aurait un fourneau mal construit, et dans lequel l'ouverture de la galerie ne répondrait pas aux dimensions indiquées précédemment si elle était moindre, la vitesse à la grille devrait diminuer, puisque tout l'air qu'elle serait capable de fournir ne pourrait être évacué; ce cas sera rare, car on doit plutôt pécher par excès d'ouverture que contrairement; enfin, le cas arrivant, la vitesse maximum ne serait plus à la grille, mais à la plus petite section du canal, et cette vitesse maximum, dans ce cas, ne pourrait plus être représentée par la formule

$$V = \sqrt{19,62\, h\, \frac{D-d}{D}}\ [105],$$ car l'air en mouvement, à cette section, n'aurait pas une densité D, condition de laquelle cette formule est un résultat. Cet air étant de l'air chaud, sa densité est d, et, si on reprend les raisonnemens qui ont donné la précédente formule, on trouvera,

$$V = \sqrt{19,62\, h\, \frac{D-d}{d}},$$ puis, si comme on l'a fait [107]; on exprime d et D en fonction de la température, et de la nature de l'air brûlé ou fumée, on aura

$$V = \sqrt{ 19,62\, h \left(\frac{267 + T}{\delta\,(267 + t)} - 1 \right) }.$$

Il est fort rare qu'on ait l'occasion d'appliquer cette formule, car c'est toujours à la grille que se trouve la plus petite section (1), et il le faut.

117. Une foule de causes modifient le tirage des cheminées, et, par conséquent, la vitesse de l'écoulement. Une des premières est la résistance de l'air au mouvement de la fumée dans son sein : évidemment celle-ci, animée d'une certaine vitesse, est obligée pour s'échapper, jusqu'à ce qu'elle soit entraînée au loin et dissipée par les courans atmosphériques, de se mouvoir dans un fluide plus dense qu'elle, dès-lors de le déplacer; on sait que ce déplacement ne se fait pas sans résistance, et que cette résistance du milieu croît comme le carré de la vitesse, voilà donc une cause fort grave qui diminue cette vitesse, et dont cependant on ne peut faire entrer la valeur dans la formule; car elle est elle-même modifiée par la direction et la rapidité des courans de la masse atmosphérique, toutes choses extrêmement variables.

Une autre cause de diminution dans l'écoulement, c'est que la fumée, depuis le foyer à la cheminée, change plusieurs fois de direction, ce qui doit beaucoup affaiblir la vitesse; cependant, comme dans la galerie la température est plus grande que dans la cheminée, et que dans la formule on ne tient aucun compte de cela, il y a une petite

---

(1) J'entends section relative, c'est-à-dire que, si la section de la galerie n'est pas égale à $8\dfrac{Q}{V}$ [112], elle sera relativement plus petite que celle de la grille, et dès-lors il y aura diminution de vitesse à cette grille.

augmentation de force motrice qui compense la perte due à ces changemens de direction, qu'on doit d'ailleurs éviter autant que faire se peut.

Enfin, dans une cheminée y a-t-il contraction de la veine fluide à l'orifice d'écoulement [98]. M. Clément pense que non; M. Dubuisson trouva dans ses expériences sur l'écoulement des gaz; que, par un canal cylindrique, ayant en longueur 30 fois son diamètre, il obtenait encore plus de dépense que par l'orifice percé en mince paroi. C'est à peu près là le rapport entre les dimensions d'une cheminée, et d'ailleurs cette contraction ne peut exister ici; car, dans tous les cas où elle existe, elle provient de ce que toute la masse fluide s'acheminant vers l'orifice, il s'établit des filets obliques qui viennent se croiser dans l'orifice, de là resserrement de la veine fluide. Mais dans une cheminée il n'en est pas ainsi : tous les filets, depuis la base, s'élèvent verticalement, où à très-peu près, vers l'orifice, qui est presque aussi grand que le réservoir; dès-lors il ne peut y avoir de contraction sensible.

118. Les vents sont des causes perturbatrices qui tantôt augmentent, tantôt diminuent l'écoulement de la fumée. Si le vent est horizontal, il n'influe pas sensiblement sur la vitesse, mais s'il souffle du haut en bas, il la diminue par la pression qu'il exerce sur la surface de sortie; au contraire, si le vent souffle de bas en haut, il déprime la colonne atmosphérique et facilite ainsi la sortie de la fumée.

Le vent exige que les cheminées qui ne sont pas isolées, c'est-à-dire celles qui sont près de bâtimens ou de collines, soient élevées au-dessus de ces obstacles; car si l'on ne le fait pas, le vent frappant sur lesdits obstacles, il se fait un remoud en vertu de la réflexion qui refoule la fumée dans la cheminée.

Lorsqu'un même vent souffle très-fréquemment dans le

lieu où doit être établi un fourneau, il convient de tourner l'ouverture du cendrier dans sa direction ; alors, plaçant un soupirail, c'est-à-dire une bouche qui s'ouvre à l'extérieur en face de ce cendrier, le vent fera soufflet, et accélérera ainsi le tirage, et dès-lors la combustion.

119. Lorsque les rayons du soleil frappent d'aplomb sur le haut d'une cheminée, ils nuisent à son tirage ; cet effet se remarque fréquemment, par exemple dans les cheminées d'appartement (1), cette influence est d'autant moins grande que la cheminée est plus élevée au-dessus des toits voisins.

Lorsque l'atmosphère est humide, le tirage se fait mal encore, ce que les ouvriers savent fort bien ; ils l'expliquent en disant que l'air est épais (2) ; enfin en résumant, on voit que cette question est fort complexe, qu'il est impossible de tenir compte de toutes les influences par le calcul ; mais on évitera toute erreur en faisant les ouvertures toujours un peu au-dessus de celles rigoureusement nécessaires, ce que déjà j'ai conseillé.

120. Après avoir déterminé les moyens de reconnaître

_____

(1) Ne pourrait-on pas l'attribuer à ce que l'air qui environne cette cheminée se trouvant fort échauffé, tant par la chaleur directe que par celle réfléchie, est alors moins dense que celui sorti de la cheminée ? Et si celui-ci n'est pas animé d'une grande vitesse, il se trouve abandonné à lui-même dans un fluide moins dense que lui : alors il retombe, et dans ce cas le tirage doit cesser.

(2) L'air humide pèse moins que l'air sec, puisque la vapeur d'eau ne pèse que $\frac{5}{8}$ d'égal volume d'air [94] ; alors on peut soupçonner que la fumée, étant plus dense que cet air, aussitôt qu'elle est sortie de la cheminée, retombe sur elle-même, et oppose une forte résistance à celle qui la suit.

la vitesse de la fumée dans une cheminée d'après sa hauteur et sa température, disons actuellement comment on peut mesurer directement cette vitesse dans une cheminée en travail. Plusieurs moyens peuvent s'employer. Si le foyer est alimenté avec de la houille, on charge de combustible frais et humide, puis on laisse écouler quelques instants jusqu'à ce que la combustion soit redevenue très-active; dans ce moment, on n'aperçoit qu'une fumée légère au sommet de la cheminée; alors, à un signal donné, un homme, armé d'un ringard passé à travers un petit trou de la porte (1), brise la voûte qui s'est formée à la partie supérieure du combustible; aussitôt il s'en échappe une certaine quantité de fumée noire que l'on guette à sa sortie par le sommet de la cheminée, connaissant la longueur développée que parcourt la fumée et le nombre de secondes écoulées entre le coup de ringard et la sortie de ladite fumée, et divisant la première de ces quantités exprimée en mètres par la 2e, on aura la vitesse demandée.

On peut encore, lorsque le feu est bien vif, qu'il ne sort pas de fumée visible, faire jeter sur le feu, à un signal donné, un mélange de limaille d'antimoine et de poudre à canon; aussitôt il se forme une vapeur blanche qu'on attend à sa sortie, montre en main. Ces moyens ne sont qu'approximatifs; car la fumée noire qui s'échappe de la houille, ou la vapeur blanche provenant de l'antimoine, étant des corps étrangers développés brusquement au sein du foyer, ils ont une vitesse un peu moindre que celle ordinaire (2).

----

(1) On doit toujours ménager ce trou qui sert de regard et se ferme lui-même avec une petite porte.

(2) Pour pratiquer les deux précédentes expériences, il ne faut pas ouvrir les portes du fourneau; sans cela, il y entrerait une grande masse d'air froid qui diminuerait la vitesse réelle.

121. On peut encore employer d'autres moyens pour atteindre ce but, le plus connu est d'appliquer un syphon renversé *a b c d* (*fig.* 5) à la paroi latérale de la cheminée; on verse de l'esprit de vin coloré dans ce syphon tant que le feu n'est pas allumé; le niveau du liquide reste le même dans les deux branches *b c*, *c d*, de l'instrument, mais lorsqu'il est allumé, la vitesse ascensionnelle due à la diminution de la densité détermine une succion, en telle sorte que l'esprit de vin s'élève davantage en *b c* qu'en *c d*, la différence de hauteur peut servir d'indication pour la vitesse. Des expériences rapportées à la société industrielle de Mulhouse par l'auteur, M. Léonard Schwartz, font connaître que, pour une vitesse intérieure de 6 à 7 mètres par seconde, la dépression moyenne ou différence de niveau est de 17 à 19 millimètres (l'esprit de vin étant à 32°). Mais cette dépression n'est pas la même à toutes les hauteurs de la cheminée, elle diminue lorsqu'on élève le syphon, parce qu'en effet la densité augmente (1), et d'ailleurs ces résultats ne sont pas tels qu'on puisse en conclure directement la vitesse de la fumée, ce qui rend cet instrument d'un emploi difficile. Il est plus propre à déterminer les vitesses relatives de diverses cheminées qu'à mesurer la vitesse absolue de chacune.

122. Lorsqu'on veut reconnaître la vitesse de la fumée dans une cheminée à l'aide du calcul pour la comparer à celle trouvée par l'expérience, il faut, avons-nous dit, connaître la température de cette fumée; cette température

---

(1) Malheureusement, le gaz étant en mouvement, l'indication du syphon ne peut être la mesure exacte de sa densité; elle est tout à la fois un composé de cette densité et de la vitesse à la section où il est posé.

n'étant pas la même dans toute la hauteur de la cheminée, on doit prendre une moyenne et pour cela mesurer la température au bas et au sommet de ladite, prenant pour la quantité T qui entre dans la formule [110], la moitié de la somme des deux. Il est quelquefois assez difficile de mesurer la température au bas de la cheminée, souvent elle est très-intense; on ne peut alors se servir de thermomètre, dans ce cas, il faut avoir recours au moyen indiqué [63] (1). Quant à celle du sommet, la difficulté est la même et encore celle d'y monter pour faire l'observation (2).

---

(1) On pourrait encore se servir du moyen proposé, en Angleterre, par M. Prinsep, essayeur à la monnaie de Bénarès, qui consiste à faire des alliages d'argent et d'or dans des proportions bien définies, desquelles proportions et des deux points fixes (fusion de l'argent pur et de l'or pur), on pourrait calculer la température d'un lieu suivant que tel ou tel de ces alliages y entrerait en fusion; on en ferait également d'or et de platine pour les températures plus élevées, de cuivre et d'argent pour celles moins élevées, de zinc et de cuivre pour celles encore moins élevées, [et enfin d'étain et de zinc. On peut même, comme on le sait, faire tel alliage de plomb, d'étain et de bismuth qui entre en fusion à 100° et même au-dessous. Ainsi on pourrait établir une série de globules métalliques qui feraient connaître, à très-peu près, la température du lieu où ils seraient exposés par leur fusion.

(2) Ne pourrait-on pas, lorsqu'on veut expérimenter ainsi, envoyer la veille, lorsqu'il n'y a pas de feu dans le fourneau, poser au sommet un thermomètre D (*fig.* 6), construit ainsi que l'indique la figure. A est un petit cylindre en fer nageant sur le mercure qui agit sur l'aiguille B C et l'oblige à indiquer la température du thermomètre. Cette température s'observerait depuis en bas avec une lunette. Ce thermomètre ne pourrait cependant être employé que pour des températures

Généralement cependant, dans les cheminées en briques assez épaisses, la température diminue peu de la base au sommet, une fois que la cheminée est bien échauffée, ce qui fait qu'elles sont préférables sous ce point de vue à celles en poterie, en cuivre, ou en fer; dans ces premières, on peut donc, en mesurant la température un peu au-dessus de la base, la regarder comme la valuer de T qu'il faut introduire dans la formule pour calculer la vitesse.

123. Une question importante est celle-ci : à quelle température convient-il d'envoyer l'air brûlé ou fumée dans la cheminée? Sans doute si l'économie n'entrait pour rien dans sa solution, la réponse serait, à la température la plus élevée possible; car, toutes choses égales d'ailleurs, la vitesse d'ascension, c'est-à-dire le tirage est d'autant meilleur que cette température est plus élevée, et de là un maximum dans la quantité de combustible brûlé dans un temps donné, d'où résulte aussi un maximum dans la température pro- duite [45]; cela sera bon dans quelques circonstances par exemple, dans celles où la haute température est le prin- cipal but qu'on se propose, tels sont la plupart des cas de la fusion des métaux. Mais, lorsqu'il s'agit de vaporisation, la question change de face : ici le but est de produire le plus grand effet possible avec une quantité donnée de com- bustible. Le minimum de température auquel on puisse abandonner la fumée est nécessairement celle du liquide en

_____

au-dessous de 300°; si on avait une température supérieure à celle-là, il faudrait lui substituer un thermomètre métallique, disposé identiquement. Par l'usage, le mercure s'altérerait, se vaporiserait, mais il serait facile de le vérifier toutes les fois qu'on s'en servirait en repairant la hauteur du mercure dans le tube à une température ordinaire, par exemple à 100°, et remettant chaque fois ce qui pourrait manquer.

ébullition ; car si on faisait circuler de l'air plus froid autour de la chaudière qui le contient, il enlèverait du calorique au lieu d'en céder : tel est donc ce *minimum;* mais les choses étant ainsi, obtiendra-t-on le meilleur résultat, il ne paraît pas : 1° parce que bien avant que d'être descendu à cette température, l'air brûlé ne cède plus rien à la chaudière, étant mauvais conducteur et animé d'une assez grande vitesse, il ne peut céder du calorique d'une manière profitable qu'autant qu'il existe entre lui et le corps froid une différence très-notable de température (1).

2° Parce que si on abaissait la fumée à la température de l'eau en ébullition, à sa sortie de la cheminée, elle n'aurait pas assez de force ascensionnelle ; il ne faut pas oublier que la fumée arrivée au sommet de la cheminée doit être moins dense que l'air ambiant, et il ne peut en être ainsi que lorsqu'elle s'est conservée une température assez élevée ; autrement elle retombe. L'expérience démontre qu'à son entrée dans la cheminée, la fumée ne doit pas être au-dessous de 350 à 400 degrés (2). C'est même là un minimum ;

---

(1) Une expérience vulgaire confirme cette raison, on peut très-bien tenir la main dans l'air à 100°, tandis qu'on ne pourrait le faire dans de l'eau à cette température, encore bien moins dans du mercure ; c'est que ces corps cèdent leur calorique bien plus aisément que l'air.

(2) On pourrait objecter que, dans les cheminées d'appartement, la fumée n'a pas une haute température ; mais on remarquera que celle-ci est de l'air tout au plus brûlé au $\frac{1}{10}$, dès-lors moins dense, et que d'ailleurs le tirage d'une cheminée d'appartement n'a pas besoin d'être aussi fort que celui des cheminées des fourneaux d'usines. Je crois d'ailleurs que, jusqu'à présent, on n'a pas assez tenu compte de la différence de densité entre l'air extérieur et l'air brûlé à sa sortie de la

le maximum économique sera entre 450 et 550 degrés. Telles sont les limites qui doivent nous guider dans toutes les constructions destinées à produire de la vapeur. D'ailleurs lorsqu'on veut refroidir davantage l'air brûlé, on ne gagne rien; l'intérêt du capital placé pour allonger la chaudière convenablement compense et au-delà le bénéfice sur le combustible; nous le prouverons [   ].

Par la même raison il ne faudra pas faire circuler la fumée 2 ou 3 fois autour de la chaudière, elle y perd trop de vitesse et de température à cause des changemens de direction; etalors, les canaux s'embarrassent trop vite. Il n'y aurait d'ailleurs aucun avantage; la fumée, trop refroidie en passant dans l'atmosphère, n'est plus comme du liége dans l'eau, qui s'élève d'un mouvement accéléré [101], mais comme une pierre lancée dans ce liquide, et qui, quelque vitesse ascensionnelle qu'elle eût, ne ferait que quelques pas, puis retomberait de suite à cause de la résistance du milieu.

124. Les cheminées d'usines se font en briques, en fonte de fer ou en fer laminé, ou bien en cuivre laminé, et quelquefois, mais rarement, en poteries. Celles en briques sont

cheminée; il ne suffit pas que celui-ci ait une certaine vitesse qu'on pourrait peut-être obtenir par une cheminée très-élevée, il faut encore qu'il ait une densité beaucoup moindre que celle de l'air ambiant; sans cela sa quantité du mouvement est bientôt détruite par la résistance du milieu, et les couches sorties deviennent un obstacle à celles qui veulent sortir, comme un jet d'eau vertical ne s'élève pas à beaucoup près au niveau du réservoir à cause de l'eau élevée qui retombe sur celle qui s'élève encore. Un bon tirage n'exige donc pas seulement de la vitesse, mais de la légèreté spécifique, qu'on ne peut obtenir que par l'élévation de la température; une cheminée plus élevée ne saurait remplacer cela.

préférables, parce qu'étant peu conductrices, elles laissent à l'air brûlé sa température dans toute leur longueur, du moins très-approximativement, ce qui est important.

La forme de ces cheminées est intérieurement et extérieurement celle d'un tronc de pyramide à base quadrangulaire ou celle d'un cône tronqué à base circulaire : cette dernière forme est la meilleure, parce que, de toutes les figures, le cercle est celle qui, à égalité de surface, a le plus petit contour. Comme ce contour est en briques, à ouverture égale, la cheminée à base circulaire est celle qui coûte le moins ; il est vrai que sa construction est un peu plus difficile ; mais il serait aisé de se procurer des briques ayant la forme convenable, c'est-à-dire présentant des segmens ou des bandes circulaires (1). Cette forme est aussi celle qui, par la même cause, donne le moins de frottement, puisque celui-ci est proportionnel à l'étendue de la partie frottante. Une autre raison en faveur de cette forme, c'est la facilité du nétoyage (2).

La forme pyramidale ou conique est de rigueur à l'extérieur pour la solidité de la masse; on sent, en effet, que plus la base présente de surface sur le terrain, plus elle s'y assied solidement. La pente ordinaire à l'extérieur varie entre 5 et $2\frac{1}{2}$ centimètres par mètre; c'est d'$\frac{1}{20}$ à $\frac{1}{40}$ de la hauteur (3).

---

(1) Pourquoi un fabricant de brique ne se mettrait-il pas à en construire de cette forme et de toutes courbures, lorsque le commerce le demanderait ?

(2) Celui-ci peut alors se faire avec une brosse métallique, ce qui est bien plus facile et plus rapide que celui fait à la raclette.

(3) Pour donner cette inclinaison, les ouvriers se font une règle-pente comme on la voit (*fig.* 7). Si A B est de 2 mètres, B C de 20 centimètres, A D ne sera que de 10 à 15 centimètres;

L'intérieur se fait de même forme, mais non pas de même inclinaison, celle-ci est déterminée par la grandeur de l'ouverture au sommet, laqu'elle doit être entre $\frac{1}{2}$ et $\frac{1}{3}$ de celle à la base [112] (1).

Bien souvent, au lieu de faire une seule et unique pyramide tronquée, on en fait plusieurs les unes au-dessus des autres, comme le réprésente la fig. 8, ce que les ouvriers appellent faire des retraites : intérieurement on donne toujours la forme d'une seule pyramide tronquée, du moins cela me semble nécessaire.

On conçoit que la solidité d'une pyramide dépend de sa base, relativemont à la surface qu'elle expose au plus grand vent. Tredgold a donné la formule suivante pour les cheminées de forme pyramidale $b = h \sqrt{\dfrac{3,25}{375 - h}}$

b est le côté de la base extérieure ou le diamètre,

h la hauteur de la cheminée,

Ces deux quantités étant exprimées en pied (2).

---

alors, appliquant cette règle sur la muraille, le fil-à-plomb $m\,n$ doit être parallèle au côté A B.

(1) Ce n'est pas qu'on ne puisse faire de cheminées d'un intérieur cylindrique, surtout si elles sont petites.

(2) *Voir* Tredgold, chap. 5.

Le rapport du pied anglais en pied français étant à très-peu près le même que celui de la livre anglaise à la livre française, on peut sans erreur sensible mesurer h et b en pieds français.

Pour trouver cette formule, l'auteur admet : 1° que la muraille occupe les $\frac{2}{3}$ de la surface de la base, la partie vide étant alors $\frac{1}{3}$ de cette surface ; 2° que la pression du vent le plus violent est de 52 livres anglaises sur un pied carré anglais (c'est 240 kilogrammes sur un mètre carré) ; 3° que le poids des briques est de 117 livres, le pied cube anglais (1841 kilo-

D'après ces principes, quelle doit être la base d'une cheminée de 40 pieds de hauteur ?

On a $b = 40 \sqrt{\dfrac{3,25}{335}} = 40 \sqrt{0,009701} = 3,92$ p^{ds}, à très-peu près 4 pieds.

Pour une cheminée de 75 pieds, nous trouverons

$$b = 75 \sqrt{\dfrac{3,25}{300}} = 7,8 \text{ ou } 7 \text{ pieds 10 pouces.}$$

Ce sont là, en effet, les données de la pratique; cette formule ne servira à autre chose qu'à trouver aisément ce que les meilleurs praticiens ont adopté.

En général, il vaudra mieux forcer un peu le résultat que l'affaiblir : l'inconvénient en serait moindre, car il ne porterait que sur le coût. Cependant il ne faudrait pas en abuser, car il pourrait en résulter de graves désagrémens : la cheminée devenant très-pesante peut ne pas être assise sur un terrain assez solide, à moins d'être fondée sur le roc, et il est arrivé quelquefois que, pour avoir voulu faire des cheminées trop solides, elles se sont promptement affaissées sous leur propre poids, ce qui, le plus souvent, est un malheur sans remède (1). La partie intérieure vers la base

---

grammes le mètre cube), 4° et qu'enfin la force du mortier est de 12000 livres par pied carré anglais (58500 kilogrammes par mètre carré).

Cette formule est basée nécessairement sur l'action du vent pour renverser la cheminée, sur la manière dont cette action s'exerce, qui dépend de la position du centre d'action du vent contre un des côtés de la cheminée, et sur les forces qui résistent à cette action, lesquelles sont le poids de la brique et la force du mortier employé à les joindre.

(1) On peut cependant, lorsqu'une cheminée s'est jetée d'un côté, ce qu'on appelle surplomber, en terme de l'art,

d'une cheminée, doit toujours se faire en briques très-réfractaires, car il faut éviter toute réparation : celle extérieure doit être en briques de la plus grande solidité, car elle supporte un poids considérable. On doit, à cette base, ménager une ouverture pour y introduire un homme, soit pour le nétoyage, soit pour des réparations; cette ouverture se ferme quelquefois avec des briques posées les unes sur les autres à sec, ou mieux encore avec une porte en fonte de fer, d'environ cinq lignes d'épaisseur, et des côtes pour la renforcer, montée sur des gonds.

Le sommet de la cheminée doit toujours être recouvert entièrement d'une couronne en pierre ou en cuivre, posée sur un mastic bitumineux, afin de conserver l'ouvrage; car il importe, dans ce but, d'empêcher les infiltrations de la pluie à travers les joints de la maçonnerie.

Dans ce but encore, on peut poser à 4 ou 5 pieds au-dessus du sommet un chapeau en cuivre laminé d'une à deux lignes d'épaisseur, supporté par 3 ou 4 tringles de fer, scellées dans la maçonnerie, en sorte que l'eau ne puisse entrer dans la cheminée.

On doit toujours, en construisant une cheminée, bien fermer, avec du mortier de bonne qualité, les joints extérieurs et intérieurs, ce que les maçons appellent parer, cela est d'une grande importance pour la conservation.

Il faut aussi placer intérieurement et de 3 pieds en 3 pieds

———

parvenir à la redresser si la base est solide. M. Clément a vu M. Maudslay, ingénieur-mécanicien de Londres, redresser ainsi une cheminée qui menaçait ruine; pour cela, il fit scier du côté opposé à la pente et enfoncer des coins à mesure que la scie pénétrait; ensuite, ayant retiré les coins lentement et avec beaucoup de précaution, la cheminée fut redressée.

environ, des barreaux en fer sur un des côtés; ils servent d'é-
chelle; on les remplace quelquefois par une forte chaîne
en fer.

Depuis quelques années, les ouvriers anglais ont introduit
en France une méthode très-économique pour la construction des cheminées isolées : au lieu de faire des échaffau-
dages en bois autour de la cheminée, à mesure qu'elle
s'élève, avec des ponts de 3 pieds en 3 pieds, pour le travail des maçons, qui alors sont extérieurement, échaffau-
dage qui coûte considérablement, l'ouvrier anglais travaille
dans l'intérieur; à mesure qu'il s'élève, il pose 2 ou 3 pièces
de bois en travers pour faire un pont, lequel pont occupe
environ la moitié de l'ouverture, et à l'aide d'une corde
passée sur une ou des poulies, on lui élève depuis le bas le
mortier et la brique. Un maçon et son aide ont ainsi fait,
dans Paris, au Gros-Caillou, en 15 jours de travail, une
cheminée pyramidale de 40 pieds de hauteur, ayant 5 pieds
8 pouces à sa base, et 2 pieds 4 pouces à son sommet (1).

125. Les bases que nous venons de poser sont très-impor-
tantes, on en sera convaincu quand on saura qu'en cer-

(1) Lorsque les cheminées sont plus grandes, la besogne se
distribue, un maçon place le mortier et l'étale uniformément
et un ou deux autres, selon la grandeur, posent les briques;
d'autres amènent au pied des ouvriers briques et mortier;
de cette manière, ces travaux, si longs autrement, surtout
lorsqu'on est un peu élevé au-dessus du sol, deviennent très-
rapides. M. Clément vit construire une de ces très-grandes
cheminées en Angleterre, sept ouvriers s'y occupaient, un
plaçait et étalait le mortier, un autre les briques, un troisième
jetait les briques à pied-d'œuvre, les quatre autres étaient
occupés à transporter le mortier et les briques, et à faire ledit
mortier; il se posait jusqu'à 1500 briques en une heure.

taines localités il est des cheminées d'usine qui coûtent jusqu'à 10,000 francs; on ne peut donc être trop éclairé sur ce point, et pour bien arrêter les idées, nous allons résoudre la question suivante.

On veut produire 1500 kilogrammes de vapeur d'eau par heure pour le service d'une manufacture, quelle cheminée doit-on construire, le combustible est de la houille (1)?

· Il est admis en pratique qu'avec un bon appareil de chauffage, un kilogramme de houille donne 6 kilogrammes de vapeur [92]; il faudra donc brûler par heure $\frac{1500}{6} = 250$ kilogrammes de houille, ce qui exige une quantité d'air égale à $250 \times 15\frac{1}{2}$ [41] $= 3875$ mètres cubes d'air dans les conditions normales.

Cherchons maintenant la hauteur de cette cheminée.

Lorsqu'il s'agit de brûler une telle quantité de houille chaque heure dans un foyer, la couche de combustible est assez épaisse, sans cela il faudrait ou une trop grande grille, ou charger trop souvent; en conséquence, la vitesse devra être de 18 mètres environ à l'entrée de la grille [109] pour exciter une vive et bonne combustion. Soit 10° la température atmosphérique, et 500° celle de la fumée dans la cheminée (cette fumée étant de l'air $\frac{1}{2}$ brûlé), alors la hauteur est déterminé par la formule

$$h = \frac{V^2}{19{,}62 \left(1 - \delta\, \dfrac{267 + t}{267 + T} \right)} \quad [111].$$

[111] dans le cas actuel on a $\begin{cases} t = 10° \\ T = 500° \\ \delta = 1{,}043 \\ V = 18 \text{ mètres} \\ h = \text{inconnu} \end{cases}$

(1) Plus tard nous reprendrons cette question complétement.

Et alors il vient par substitution

$$h = \frac{(18)^2}{19,62 \left(1 - 1,043 \dfrac{267 + 10}{267 + 500}\right)} = 26,5 \text{ mètres.}$$

Actuellement quelle doit être la surface ouverte au bas de la cheminée ?

Devant fournir chaque heure au combustible 3875 mètres cubes d'air à $0°$, c'est $\frac{3875}{3600} = 1,076$ mètres cubes chaque seconde. Ce volume d'air augmente avec la température, et à $500°$ il est le quatrième terme de cette proportion $267 : 767 :: 1,076 : x$ (1), de laquelle en déduit $x = 3,091$ mètres cubes.

La vitesse de la fumée vers la base peut être sans inconvénient de 2 mètres par seconde [112]; la section nécessaire sera en conséquence $\frac{3,091}{2} = 1,5455$ mètres carrés. Si cette cheminée est carrée, le côté de ce carré à sa base devra être égal à $\sqrt{1,5455} = 1,24$ mètre; si elle est circulaire, appelant D son diamètre à la base, on aura $1,5455 = \frac{11}{14} D^2$ (2) d'où $D = 1,40$ mètre.

L'ouverture au sommet doit être moitié de celle à la base [112] : c'est donc $0,7727$ mètre carré; si la cheminée est carrée, le côté de ce carré sera égal à $\sqrt{0,7727} = 0,87$ m.; si elle est circulaire, son diamètre intérieur au sommet sera égal à $\sqrt{\frac{14}{11} \times 0,7727} = 0,99$ mètre.

---

(1) 267 litres à $0°$ deviennent 767 litres à $500°$ [19].

(2) On sait que la surface d'un cercle $= \frac{11}{14}$ du carré de son diamètre, la surface du cercle cherché devant être $1,5455$ m. carré on a $1,5455 = \frac{11}{14} D^2$, de là $14 \times 1,5455 = 11 D^2$ ou $D^2 = \frac{14}{11} \times 1,5455$, et enfin $D = \sqrt{\frac{14}{11} \times 1,5455} = 1,40$ m.

Ces dimensions intérieures arrêtées, calculons quel doit être le diamètre extérieur à la base. La hauteur de la cheminée = 26.5 mètres = 81, 58 ou 82 pieds en nombre rond; représentant par B le côté de cette base, on sait,

d'après ce qui a été dit [124] que $B = 82 \sqrt{\dfrac{3,25}{375 - 82}}$

$= 82 \times 0,10 = 8,2$ pieds ou 2,66 mètres. Tel est le côté du carré à la base ou le diamètre du cercle, si elle est circulaire.

La pente ou talus étant d'$\frac{1}{40}$ de la hauteur [124] sera $\dfrac{26,5}{40} = 0,66$ mètre de chaque côté, le diamètre extérieur au sommet sera alors égal à $2,62 - 2 \times 0,66 = 1,34$ mètre. De là il suit qu'à la base, l'épaisseur des murailles sera $\dfrac{2,66 - 1,40}{2} = 0,63$ mètre, environ 2 pieds. Au sommet, l'épaisseur de la muraille sera $\dfrac{1,34 - 0,99}{2} = 0,175$ mètre, un peu plus de 6 pouces.

Enfin, si on compare la surface de la muraille vers la base à la surface d'ouverture, on les trouvera entre elles :: 402 : 154 ou en nombre rond :: 13 : 5 ou :: $2\frac{3}{5}$: 1, rapport qui, d'après Tredgold, est bien suffisant (1).

126. Nous allons maintenant chercher le prix de cette cheminée et entrer dans quelques détails de construction; ce prix variera avec les localités : nous allons faire ce compte pour Paris.

---

(1) Tredgold dit (n° 95) : « La proportion la plus commune
» pour une muraille d'une base déterminée doit être des $\frac{2}{3}$ de
» l'air de cette base, c'est-à-dire que la surface pleine doit être
» à la surface vide :: 2 : 1. »

Rarement le terrain est assez solide pour bâtir dessus; il faut donc une fondation ou massif A(*fig.* 9); supposons-le de 3 ½ mètres en tous sens, son volume sera 42,875 mètres cubes, ce massif se fera quelquefois en briques, le plus souvent en pierres de taille, les plus grandes sont les meilleures. Dans ce dernier cas, le coût à Paris en serait de 1720 francs (1).

Il faut actuellement calculer le volume de la partie pleine de la cheminée, en la supposant conique, c'est-à dire à base circulaire. Pour cela, trouvons le volume d'un cône tronqué ayant

$$\begin{cases} 2,66 \text{ mètres à sa grande base;} \\ 1,34 \; \textit{dito} \text{ à sa petite base;} \\ 26,5 \; \textit{dito} \text{ de hauteur;} \end{cases}$$

ce volume est de 86 mètres cubes (2).

---

(1) Je compte à 40 fr. le mètre cube.

(2) Pour le trouver, il faut d'abord chercher celui du cône entier; comme le talus est d' $\frac{1}{40}$ de la hauteur, la hauteur totale du cône serait 40 fois 1,33 mètres $= 53,20$ mètres; le volume d'un cône est égal à la surface de sa base qui est $\frac{11}{14}$ (2,66)^2 multipliée par le tiers de sa hauteur, c'est donc $\frac{11}{14}$ (2,66)$^2 \times \dfrac{53,20}{3}$: effectuant ces calculs, on trouve

$$\frac{11}{14} (7,0756) \frac{53,20}{3} = 5,5594 \times 17,73 = 98,568 \text{ mètres cubes.}$$

Il faut de cette quantité retrancher le volume du petit cône, dont la hauteur est 53,20 — 26,5 ou 26,70 mètres, sa base ayant 1,34 mètre de diamètre, on aura pour ledit volume

$$\frac{11}{14} (1,34)^2 \frac{26,70}{3} = \frac{11}{14} \times 1,7956 \times \frac{26,7}{3} = 1,41 \times 8,9 =$$

12,549 mètres cubes. Effectuant la soustraction, on aura pour le volume du tronc 98,568 — 12,549 = 86,019 mètres cubes.

de cette quantité il faut retrancher le volume du tronc de
cône formant l'intérieur de la cheminée, lequel a

pour dimensions $\begin{cases} \text{grande base } 1,40 \text{ mètres.} \\ \text{petite } \textit{dito} \ 0,99 \quad \textit{dito.} \\ \text{hauteur} \qquad 26,5 \ \textit{dito.} \end{cases}$

Ce volume est en nombre rond 30 mètres cubes (1). Ainsi
la muraille de la cheminée a pour volume 86 — 30 = 56
mètres cubes.

Le volume d'un mille de briques est 1,270 mètres
cubes (2), donc il faudra employer un nombre de mille de
briques égal à $\dfrac{56}{1,270} = 44$ à très-peu près.

---

(1) Pour le trouver, il faut d'abord calculer le volume
d'un cône tronqué ayant pour base 1,40 mètre et une hauteur qu'on détermine par cette proportion H : h :: 1,40 : 0,99
(nommant H la hauteur du cône entier et h celle du petit
cône supérieur); de ladite, on déduit H — h : h :: 0,41 : 0,99,
c'est-à-dire 26,5 : h :: 0,41 : 0,99; ainsi, h = 63,99 mètres,
et alors H = 90,49 mètres. Le volume du cône entier serait,
en conséquence, égal à $\frac{11}{14}$ $(1,40)^2$ $\frac{90,49}{3}$ = 1,54 × 30,16
= 46,446 mètres cubes. Le volume du petit cône est égal
à $\frac{11}{14}$ $(0,99)^2$ $\frac{63,99}{3}$ = 0,77 × 21,33 = 16,424 mètres cubes.
Alors le volume du tronc de cône est égal à 46,446 —
16,424 = 30,022 mètres cubes.

(2) Une brique est de 8 pouces sur 4 et 2, son volume est
donc 64 pouces cubes et le mille 64000 pouces cubes, qui
valent 1,270 mètre cube; dans l'emploi il y a des briques
cassées, mais il y a le mortier qui compense, en sorte que
les calculs faits ici sont sensiblement exacts.

La brique vaut à Paris 75 francs le mille (1). Ainsi le coût des briques sera $75 \times 44 = 3300$ francs.

La façon de cette cheminée, y compris le coût du transport des matériaux, ne peut être moindre de 800 francs.

Le couronnement supérieur a, en pierre ou en cuivre, le mortier, peuvent coûter environ 300 francs.

Enfin les ferrures pour joindre diverses parties, la chaîne ou échelle intérieure, la porte b au bas de la cheminée en fonte de fer, tout cela posé ne coûtera pas moins de 600 fr.

Voici donc une cheminée dont le coût à Paris se composera :

	fondations.	4287 francs (a).
	briques.	3300
Pour	façon et port des matériaux.	800
	couronne et mortier.	300
	ferrure complète.	600

C'est 9287 francs (2).

Il peut paraître intéressant de connaître le poids d'une telle construction. Le mètre cube de pierre ordinaire pèse 2677 kilogrammes, la fondation seule pèsera 43 fois 2677 kilogrammes, c'est 115 milliers de kilogrammes. Le mètre cube de briques pèse 1841 kilogrammes (3), le poids

---

(1) La bonne brique réfractaire de Bourgogne vaut 80 à 85 francs le mille ; celle ordinaire vaut de 68 à 70 francs.

(2) Ce prix serait modifié ailleurs qu'à Paris selon le prix des matières et des ouvriers. Il est des contrées où la brique ne coûte que 14 à 15 francs le mille, de là une diminution considérable sur les frais : tout cela est absolument local.

(3) Le mille de brique pèse, dans ce cas, $1841 \times 1,27 = 2338$ kilogrammes.

(a) Plus haut nous avions compté par erreur 1720 fr. ; mais le mètre cube vaut au moins 100 fr., il va même jusqu'à 130. Cette feuille étant imprimée lorsque j'ai reconnu cette faute j'ai dû la corriger ici.

des briques employées est donc 56 fois ce nombre, c'est-à-dire 103 milliers de kilogrammes, le poids total est alors 218 milliers de kilogrammes.

127. Les cheminées se font le plus souvent en briques malgré leur prix élevé, on a exposé le pourquoi [124]: une cheminée très-élevée et isolée ne pourrait être en poterie ou il faudrait la soutenir par des étais; on en voit peu de ce genre à moins qu'elles ne soient adossées à un mur et peu élevées.

Les cheminées en fonte, en fer ou en cuivre laminé, peuvent, jusqu'à un certain point, remplacer celles en brique; elles sont moins coûteuses, mais aussi elles laissent refroidir bien plus rapidement la fumée dans leur intérieur, et alors, toutes choses égales, pour obtenir le même tirage, il faut y envoyer la fumée à une plus haute température, c'est-à-dire, faire le sacrifice d'une partie du combustible. Cette dépense journalière dépassant beaucoup l'intérêt du capital qu'il eût fallu mettre de plus pour l'achat d'une cheminée en brique, on doit se déterminer pour ces dernières.

Il est cependant des cas particuliers où les cheminées en métal sont préférables; si on est gêné par la place, si cette cheminée passe à travers un bâtiment et qu'on puisse utiliser la chaleur qu'elle laisse dégager; si le terrain, étant peu solide, ne permet pas d'y faire une construction trop pesante, à moins de faire des fouilles très-profondes et dès-lors ruineuses; si l'établisseur n'est point propriétaire du terrain, dans ce cas, il lui sera bien plus aisé d'emporter la cheminée en métal que celle en brique qui se trouverait presque perdue, si l'établissement pour lequel on monte cette cheminée n'est pas encore d'un succès assuré, ou si on n'est pas certain de le continuer dans le même local: dans tous ces cas, les cheminées métalliques devront être préférées à cause de leur facile transport.

128. Une cheminée métallique s'établit toujours sur un socle en maçonnerie (en brique) qui s'élève à 4,6, 10 mètres au-dessus du sol, selon la hauteur que doit avoir la dite cheminée. Ce socle sert, 1° à recevoir la première action de l'air chaud ou fumée; 2° à présenter une masse solide après laquelle on puisse agrafer le tube en métal, afin qu'il puisse résister à tous les vents : d'ailleurs, ce tube présentant moins de surface à cet agent qu'une cheminée en brique, il en reçoit un moindre effort. On donne aux cheminées métalliques la même forme qu'à celles en briques; l'épaisseur du cuivre varie depuis 4 à 1 millimètre (1 $\frac{1}{2}$ à $\frac{1}{2}$ ligne) : de tous les métaux, le cuivre est préférable; la fonte, à cause de son épaisseur, revient aussi chère (1); le fer se détruit très-rapidement par l'action simultanée de l'air et de l'eau à l'extérieur, et se corrode promptement à l'intérieur par l'action de l'acide pyro-acétique qui se condense sur les parois et ruissèle jusqu'au bas.

129. A quel prix reviendrait une cheminée en cuivre pouvant faire le service de celle examinée [126]?

On donnera 3 millimètres d'épaisseur au cuivre vers le bas, et 1 millimètre vers le haut; ainsi, comptons que l'épaisseur moyenne est 2 millimètres.

La maçonnerie s'élèvera à 6 $\frac{1}{2}$ mètres au-dessus du sol, le tuyau en cuivre entrera d'un mètre dans cette maçonnerie, de là suit que les dimensions du tronc de cône fait en métal, seront

hauteur 21,000 mètres;
grande base 1,315 *dito* (2);
petite base 0,99.

---

(1) Une cheminée en fonte se fait en plusieurs tubes emboités les uns dans les autres et mastiqués; on ne s'en sert que pour les appartemens.

(2) On a vu [126] que le cône entier avait pour hauteur

Avec ces données, on peut calculer quelle est la surface du cuivre employé, on la trouvera égale à 76,06 mètres **carrés**, mais un mètre carré de cuivre de deux millimètres d'épaisseur, pèse 17,576 kilogrammes (1), le poids du tout sera 17,576 $\times$ 76,06 = 1337 kilog. à très-peu près, à 4 francs, le coût est 5348 francs (2).

Pour ménager le métal et en même temps empêcher le refroidissement autant que possible, **M.** Clément conseille de le peindre extérieurement avec 2 ou 3 couches de chaux vive. Cette teinte blanche tient bien et résiste à l'action de l'air assez long-temps.

130. Dans quelques localités et quelques cas particuliers, on pourrait établir des cheminées descendantes, c'est-à-dire, que pour faire écouler les produits de la combustion, on les ferait descendre par un canal; pour que cela se puisse,

---

90,49 mètres, retranchant 5,50 pour la hauteur de la maçonnerie, on a 84,99; et alors pour trouver le diamètre à cette hauteur, on a la proportion 90,49 : 84,99 :: 1,40 : x, d'où $x = 1,315$ mètres. On calcule ensuite le côté de ce tronc de cône, il est l'hypoténuse d'un triangle retangle dont la hauteur est 21 mètres et la base $\dfrac{1,315 - 0,99}{2} = 0,162$; ce côté, en ce cas, $= \sqrt{(21)^2 + (0,162)^2} = \sqrt{441,0262} = 21$ mètres. La surface d'un tronc de cône est égale à son côté multiplié par la $\frac{1}{2}$ somme des 2 circonférences des bases, alors dans le cas actuel, elle est égale à $\frac{22}{7} \left(\dfrac{0,99 + 1,315}{2} \right) 21 = 76,06$ mètres carrés.

(1) Un mètre cube de ce cuivre pèse 8788 kilogrammes.

(2) Je compte ici les choses en place, car on peut avoir ce cuivre à 3,60 f. le kilogramme, mais j'admets l'excédant pour la pose, la ferrure et la maçonnerie.

il faut nécessairement refroidir ces produits au moins à la température ambiante et même au-dessous, s'il est possible, afin qu'ils aient une densité plus grande que l'air atmosphérique.

Recherchons quelles sont les conditions d'écoulement dans une telle cheminée. Une molécule m (*fig.* 10) est poussée de dehors en dedans par la pression que l'atmosphère exerce sur la couche horizontale $m\,n$, où se trouve cette molécule, tandis qu'elle est repoussée de dedans en dehors par la pression que l'atmosphère exerce sur la couche horizontale A A, diminuée de celle de la colonne d'air brûlé contenue dans la cheminée entre ces deux couches horizontales.

Représentant $\begin{cases}\text{la hauteur de la cheminée, c'est-à-dire}\\ \text{la distance verticale comprise entre}\\ \text{les deux couches par} \hspace{3em} h;\\ \text{la densité de l'air atmosphérique par } D;\\ \text{la densité de l'air brûlé par} \hspace{2em} d;\\ \text{la pression atmosphérique sur la}\\ \text{couche } m\,n \text{ par} \hspace{5em} P;\end{cases}$

La pression qui pousse m de dehors en dedans sera représentée par P, et celle qui la repousse en sens contraire par $P + h\,D - h\,d$. La différence de ces quantités est la pression motrice, elle est représentée par $h\,(d - D)$, et la hauteur de la colonne d'air froid qui exerce cette pression est égale à $h\,\dfrac{d - D}{D}$. Telle est la hauteur génératrice de la vitesse qui, en conséquence, est égale à $\sqrt{19{,}62\ h\,\dfrac{d - D}{D}}$ voir [105, 106, 107]. Dans cette formule exprimant d et D en fonction de la température et de la nature de l'air brûlé comme on l'a fait [110], on a $D = \dfrac{267}{267 + t}$, $d = \delta\,\dfrac{267}{267 + T}$

et alors par substitution il vient

$$V = \sqrt{19,62\, h \left(\delta\, \frac{267 + t}{267 + T} - 1 \right)}.$$

Faites $t = o$ et $T = o$, $+ \delta = 1,043$, c'est-à dire la fumée étant de l'air $\frac{4}{2}$ brûlé, il viendra $V = \sqrt{19,62\, h \times 0,043} = 0,91\, \sqrt{h}.$

Il est bien évident, d'après cette valeur, que la vitesse sera toujours très-petite, puisque dans des conditions très-favorables elle ne sera que 91 centièmes de la racine carrée de la hauteur de la cheminée; d'où suit qu'une cheminée de 9 mètres ne donnerait qu'une vitesse de $0,91 \times 3 = 2,73$ mètres, vitesse bien trop faible pour obtenir la combustion de la houille ou du coke.

Il est donc évident qu'il faut renoncer aux cheminées descendantes à moins de circonstances toutes particulières : si, par exemple, une usine était située sur une colline, on pourrait faire une cheminée qui descendît au long du flanc de la colline, et alors, ayant une grande hauteur, on obtiendrait une vitesse suffisante. Par exemple, supposons que la hauteur verticale de la cheminée est de 100 mètres, et que les températures intérieures et extérieures soient 0°, on aurait $V = 0,91 \sqrt{100} = 9,1$ mètres; cette vitesse est encore faible, cependant on pourrait marcher ainsi.

On pouvait croire que les cheminées descendantes seraient très-utiles sous le rapport économique, parce que n'étant pas obligé d'y envoyer la fumée à une température supérieure à celle de l'atmosphère, on pourrait la faire circuler autour d'appareil contenant de l'eau de plus en plus froide qu'elle échaufferait; cela est exact, mais nous venons de voir que rarement on pourra établir de telles cheminées.

Il y a quelques années qu'on établit une cheminée descendante, aux bains Vigier, sur la Seine, près du Pont-

Royal, à Paris ; la fumée de cet établissement incommodant le voisinage, on avait cherché à s'en débarrasser en s'y prenant ainsi ; mais malgré que le combustible était du bois bien sec, lequel exige un moindre tirage que la houille, on fut obligé d'y renoncer.

131. Dans une usine, si considérable qu'elle soit, il ne doit y avoir qu'une seule cheminée. On conçoit combien il est plus économique d'en faire une seule pour vingt ou trente fourneaux que d'en faire une pour chaque fourneau comme cela se pratiquait autrefois.

Il faut alors que cette cheminée unique ait une section égale à la somme de toutes celles qu'elle remplace ; dans ce cas, la communication de chaque fourneau à la cheminée se fait par un canal horizontal ou incliné, et chaque canal doit être muni d'une trappe ou registre qui le ferme bien lorsque le fourneau ne marche pas [113]. Sans cela beaucoup d'air froid serait introduit par ce canal dans la cheminée, ce qui serait très-nuisible au service. Très-souvent ces canaux de communication sont horizontaux et souterrains, ce qui les rend le moins embarrassans possible ; dans ce cas, la hauteur de la cheminée n'est, comme dans tous les autres, que la distance verticale comprise entre la grille du foyer et la bouche de dégorgement de cette cheminée.

Dans les cheminées à canaux souterrains, le premier tirage est assez difficile à établir à cause qu'il faut que l'air brûlé descende d'abord avant de monter ; mais on l'établit facilement en allumant un petit feu de copeaux ou de bois menu dans la cheminée ; ce qui est facile soit par la porte de la cheminée, soit par une trappe ménagée à ce dessein en la construisant ; le tirage aussitôt commencé, il continue.

Il existe à Glascow, chez M. Tenant, fabricant de produits chimiques, une cheminée de 175 pieds de hauteur et 18 pieds de diamètre. Elle sert à 50 fourneaux qui tous s'y abouchent par des canaux souterrains tracés sous le sol de la cour au milieu de laquelle est située cette cheminée, ce qui n'empêche pas le service de l'établissement de se faire dans cette cour (1). Dans une cheminée comme celle-là, la masse d'air est tellement grande que jamais les perturbations atmosphériques n'influent sensiblement sur le tirage; alors on peut y envoyer l'air brûlé à une température un peu moindre que dans les autres. Il y a aussi moins de frottement et moins de refroidissement par les parois, car le volume d'air écoulé est proportionnel au carré de son diamètre, tandis que le refroidissement et le frottement sont proportionnels au diamètre. Il y a donc économie de combustible dans l'emploi, il y en a aussi dans le prix de la construction, par les mêmes raisons. Ainsi donc, à moins que le genre de travaux ne s'y oppose dans une manufacture, telle qu'une blanchisserie, une teinturerie, une fabrique d'indiennes, etc., on ne doit construire qu'une seule cheminée (2).

132. Avant de quitter les cheminées d'usine, nous chercherons à résoudre cette question assez intéressante : Quelle proportion du combustible brûlé dans un foyer est employée à donner le tirage convenable dans la cheminée?

Nous avons vu que l'air brûlé devait y être envoyé, terme moyen, à 450° [123]. Chaque kilogramme de houille, pour être convenablement alimenté d'air, exige 15 $\frac{1}{2}$ mètres cubes [41], lesquels, après la combustion, dou-

(1) On conçoit que d'ailleurs il n'existe pas autant de petits canaux que de fourneaux allant aboutir à la cheminée; il y a de grands canaux qui reçoivent les petits.

(2) Il faut donc, lorsqu'on établit de nouveau une de ces manufactures, voir d'abord où on placera la cheminée et prendre des dispositions qui centralisent tous les feux autour d'elle.

neraient dans les conditions normales de température et de pression ,

Savoir :
$$\begin{cases} \text{azote} & 12,25 \text{ mèt. cubes pesant } 15,460 \ [35] \\ \text{oxigène} & 1,62 \quad dito \qquad 2,323 \\ \text{acide carb.} & 1,63 \quad dito \qquad 3,217 \\ \hline & 15,50 \qquad\qquad\qquad 21,000 \end{cases}$$

kilogrammes.

La chaleur emportée par ces différens produits

est [31]
$$\begin{cases} \text{pour l'azote } \dfrac{15,460}{4} \times 450 \\[2mm] \text{l'oxigène } \quad \dfrac{2,323}{4} \times 450 \\[2mm] \text{l'acide carb.} \dfrac{3,217 \times 2}{9} \times 450 \end{cases} \quad \begin{array}{l} 2322 \text{ calorics} \\[2mm] (1). \end{array}$$

et comme un kilogramme de houille ne fournit que 6000 calorics [43], c'est alors 38 p. 100; telle est la perte due au tirage (2).

133. Jusqu'alors nous n'avons parlé que des cheminées des usines et des manufactures, nous dirons cependant un mot de celles des appartemens. Rarement celles-ci sont bien faites, et on est étonné qu'une construction si commune soit encore aujourd'hui si peu connue et si mal exécutée. On peut parier, avec certitude de gagner, que sur dix de ces

---

(1) Il est bien probable que la capacité des gaz pour le calorique est modifiée par la température, et qu'alors ce résultat 2322 calorics n'est pas rigoureusement exact.

(2) Ce résultat est un *maximun*, car, lorsque le tirage est très-bon, l'air, en traversant le combustible est plus que $\frac{1}{2}$ brûlé, il l'est des fois aux $\frac{2}{3}$ ou aux $\frac{3}{4}$; dans ce cas, il ne faut point 15 $\frac{1}{2}$ mètres cubes par kilogramme de houille, il en faut moins, et alors le tirage n'absorbe pas 38 p. % du calorique dégagé.

cheminées choisies au hasard, il y en a neuf qui fument, si ce n'est continuellement, du moins toutes les fois que le temps est humide et sombre, que la porte d'une cuisine voisine est ouverte, que les rayons du soleil frappent sur le sommet, et lorsqu'il existe différens vents. Mais cette construction est-elle si difficile qu'on ne puisse remédier à tous ces inconvéniens? Loin de là; ils sont tous dus à une même cause, la trop grande ouverture du bas de la cheminée et un trop grand canal; il est aisé de se convaincre que là seulement est le vice; car, dans la cheminée la plus défectueuse, celle enfin qui oblige d'avoir portes et fenêtres ouvertes pour y faire du feu (1), si on fait rendre le tuyan d'un poële placé dans la chambre où s'ouvre cette cheminée, et si on fait du feu dans ce poële, il brûlera parfaitement bien; il pourra cependant arriver que la fumée redescende dans la cheminée. Où est donc le vice? tout le monde le touche du doigt : dans un canal trop grand pour conduire la fumée et surtout dans une ouverture trop grande pour l'introduction de l'air. Montgolfier disait que la cheminée d'un appartement était un appareil justement propre à exciter une forte ventilation dans cet appartement, toutefois encore lorsqu'on pouvait y faire du feu.

Il est aisé de voir que le peu de combustible qui brûle dans une de ces cheminées ne suffit pas pour donner à l'air brûlé qui y entre une haute température, d'où peu de vitesse et souvent trop peu pour qu'il y ait ascension. D'ailleurs, avec un aussi faible tirage, le moindre vent le contrarie, la moindre diminution de densité dans l'atmosphère, soit que le baromètre est bas, soit que l'air est humide, soit enfin que

_____

(1) La plupart des habitans de Paris sont réduits à cette triste extrémité, et bien peu de dépense de la part du propriétaire remédierait à tout.

les rayons du soleil échauffent l'air sur les toits , alors la fumée, plus dense que cet air, ne peut s'y élever; elle retombe.
Le remède est donc facile, c'est de faire le canal beaucoup plus petit et de faire en sorte qu'il ne puisse entrer
dans la cheminée que de l'air ayant traversé le combustible
ou du moins fort peu d'autre. Les réglemens de police s'opposent à cette amélioration dans les villes; elle exige de
vastes canaux pour cheminées ayant je crois $2\frac{1}{2}$ pieds sur
1 , c'est-à-dire 360 pouces carrés d'ouverture , tandis que
$\frac{1}{6}$ de cette ouverture est suffisant. Ces réglemens sont faits
pour faciliter le ramonage; mais que **MM.** les architectes
présentent à la police d'autres moyens de ramoner , et il en
existe (1) , et elle ne sera pas assez absurde pour vouloir ce
qui est nuisible; d'ailleurs déjà à Paris ce réglement n'est
plus suivi.

134. Connaissant le mal, le remède est facile. Pour cheminées, faites un canal en brique de 10 pouces ou 1 pied
carré; j'aimerais mieux qu'il fût circulaire, ou bien, ce qui
serait encore préférable, prenez un tuyau en fonte de fer,
de 8 à 10 pouces de diamètre (2) , vous aurez gagné sur le
prix de la construction et sur la bonté de l'appareil, qui alors
remplira son but; de plus , il y aura de l'espace ménagé.

---

(1) La brosse métallique est de tous les moyens le meilleur.

(2) Lorsqu'on fait ce tuyau en fonte de fer , il est composé
de plusieurs bouts s'emboîtant les uns dans les autres et joints
par un mastique. Il ne faut pas qu'ils soient scellés dans la
muraille en aucun point de leur longueur; sans cela, par les
dilatations et contractions successives qu'ils éprouvent, ils
ébranleraient la muraille ou se briseraient eux-mêmes; on
les soutient dans des colliers scellés dans la maçonnerie et
dans lesquels le tuyau glisse librement.

Admettons cependant que des réglemens s'opposent encore à ce que ces petits canaux fussent établis, ce que je ne crois pas, ou bien qu'il s'agit d'améliorer une ancienne cheminée, alors il faut fermer son ouverture inférieure par une plaque en maçonnerie ou en tôle ne laissant, vers le milieu de cette plaque, qu'un trou circulaire de 8 à 10 pouces de diamètre, surmonté d'un tuyau de même grandeur et de 6 à 8 pieds de long. Ce tuyau devra être garni intérieurement d'une trappe ou clé que l'on puisse ouvrir et fermer à volonté, de cette manière la cheminée ne fumera plus et le combustible sera bien plus profitable, puisque l'ouverture de la cheminée étant rétrécie, la ventilation sera faible; d'ailleurs on la modérera à l'aide de la clé placée dans le tuyau, et, comme il entrera moins d'air froid dans le local, il y fera plus chaud.

135. On peut mieux faire encore; au lieu de fermer l'ouverture inférieure de la cheminée par une cloison horizontale, on fait cette cloison en forme de voûte, comme on le voit en A A (*fig.* 11), alors les rayons calorifiques échappés du combustible se réfléchissent sur cette voûte et viennent échauffer l'appartement, ce qui est le but désiré, et encore cette réflexion renvoie aussi bon nombre de rayons sur le combustible, ceux-ci entretiennent le foyer à une température plus élevée, et de là une meilleure combustion. On voit que cette correction aux plus mauvaises cheminées les rendra excellentes, et le coût en est fort médiocre.

Souvent on ferme la cheminée en B par une cloison. Deux petit tuyaux latéraux placés le plus bas possible viennent s'ouvrir dans l'espace libre I, tandis que par l'autre extrémité, ils vont déboucher au dehors ou au dedans de l'appartement dans lequel est situé la cheminée. D'autres ouvertures, fermées par des soupapes S, viennent déboucher dans cet appartement. L'air en contact avec la voûte A A et le canal, s'échauffe fortement, il s'élève, et entrant par les bouches S

dans l'intérieur du local, il contribue à l'échauffer. Les
tuyaux latéraux fournissent de nouvel air qui s'échauffe à
son tour pour repasser dans la pièce, et ainsi de suite; de
cette manière on tire un très-grand parti du combustible.
Ce n'est qu'à la cinquième section que nous devons examiner
avec détail les appareils de chauffage, actuellement nous ne
devons parler que des cheminées.

136. Tourmenté par le besoin d'empêcher les cheminées
d'appartement de fumer, on a imaginé plusieurs appareils
dans ce but, qui tous se posent au sommet de la cheminée.
Le plus simple ce sont les mitres en terre qui n'ont d'autre action que de rétrécir l'ouverture au sommet, et par le
recouvrement d'empêcher la pluie de tomber dans ce canal,
ce qui en compromettrait la durée; cet appareil est bon,
mais il n'atteint pas le but : en resserrant l'ouverture au sommet, il augmente la vitesse à la sortie, mais il ne donne pas
moins de densité à la fumée, ce qui, alors, n'empêche pas
celle-ci de retomber en quelques circonstances. Cependant,
l'ouverture étant plus petite, les légères variations atmosphériques, et principalement le vent, ne troublent pas aussi
facilement le tirage; en cela il y a du bon.

D'autres ont placé sur la cheminée des tuyaux coudés,
mobiles par le vent, nommés têtes à girouettes; elles n'ont
d'autre effet que de laisser sortir la fumée du côté opposé
au vent, afin qu'il ne la refoule pas, et empêcher, par la
même raison, la rentrée de l'air extérieur dans ce canal,
d'ailleurs, ces tuyaux rétrécissant l'ouverture au sommet,
leur effet est à très-peu près celui des mitres, il est cependant meilleur.

Un des appareils le plus vanté dans ces derniers temps
est celui qu'on vit à l'exposition des produits de l'industrie
en 1827, il se compose d'un tambour cylindrique en tôle
A (*fig.* 12) surmontant un tuyau B qui est placé sur le sommet de la cheminée. Ce tambour est criblé de trous coni-

ques *a*, *a*, sur toutes les faces dont la petite base ou la plus petite section se trouve le plus extérieurement par rapport à l'axe du tambour. La somme de toutes ces ouvertures (des petites) est plus grande que la section du tuyau B (1); le vent entrant dans ce tambour par une petite ouverture, tend de suite, en vertu de la forme conique, à occuper un plus grand espace, donc il perd de sa vitesse (2), et alors il ne refoule pas la fumée dans la cheminée. Tous ces appareils ont à peu près le même effet, c'est le rétrécissement de l'ouverture au sommet qui le produit, mais je ne vois pas comment aucun d'eux pourrait remédier à l'action du soleil, à la diminution de pression dans l'atmosphère, et surtout à l'excès d'air froid qui s'introduit par l'ouverture inférieure de la cheminée ; ce ne sont que des palliatifs, le vrai remède est celui que j'ai indiqué [135].

137. Il est des circonstances dans lesquelles le tirage d'une cheminée ne suffit pas, ou il la faudrait dans des di-

---

(1) Ces surfaces en tôle sont percées avec un poinçon conique, sur un corps mou ; en sorte que la bavure est rejetée au dehors, c'est ce qui forme des trous coniques ou en croix.

(2) On dit même que cette perte de vitesse fait succion et aspire la fumée, se fondant sur ce que lorsqu'on attache par la petite base un cornet en papier au bout du tube d'un soufflet et qu'on fait jouer le soufflet, le cornet s'aplatit ; mais les circonstances ne sont pas les mêmes ; lorsque le soufflet agit, il met en mouvement la colonne d'air qui remplissait le cornet avant qu'il ne le fît ; alors la vitesse de cet air supporte une partie de la pression atmosphérique et s'oppose à la rentrée de l'air dans le cornet, d'où il suit que la pression atmosphérique agit et le déforme. Mais, dans cet appareil, je ne vois pas comment le vent peut faire un vide partiel, je ne puis voir autre chose que sa vitesse diminuée, et de là moins d'action.

mensions que la pratique ne peut ni ne veut atteindre ; on est alors obligé d'avoir recours à d'autres moyens pour fournir l'air au combustible ; par exemple, dans les forges, dans les hauts-fourneaux, dans les fonderies, etc., on alimente avec des soufflets. Leur forme et leur solidité dépend de la pression que l'air doit supporter dans ces appareils.

Le plus simple, mais aussi le moins puissant, est le soufflet du forgeron, il consiste en deux capacités A, B (*fig.* 13), dont les parois supérieures et inférieures sont en bois, et celles latérales en cuir. Celle A débouche dans le fourneau par une ouverture C, la communication de A à B se fait par un trou garni d'une soupape S' qui s'ouvre de B en A, et celle de la capacité B, avec l'extérieur, se fait par un trou garni d'une soupape S, s'ouvrant de dehors en dedans. Cela posé, admettons que les trois parois D, I, H, sont l'une sur l'autre, puis qu'on abaisse celle H, l'air extérieur, soulevant la soupape S, va rentrer en B pour remplir cette capacité ; alors, ramenant H dans sa position primitive, l'air introduit est refoulé, et comme il ne peut sortir, puisqu'en s'appuyant sur la soupape S, il la ferme, il soulève celle S' et se réfugie en A ; continuant la même manœuvre on remplira A d'air comprimé, mais comme la paroi D est chargée de quelques poids, l'air est poussé dehors par l'orifice C. Pour connaître avec quelle force cet air est refoulé dans le fourneau, il n'y a qu'à poser sur le soufflet un syphon renversé *a b c d* et y verser de l'eau colorée, la différence de niveau de cette eau dans les deux branches *b c*, *c d*, est la mesure de la pression que supporte l'air renfermé en A en sus de celle de l'atmosphère ; dans le soufflet du forgeron, on trouve ordinairement que cette pression est de 0,04 mètre d'eau.

D'après cette donnée, il sera facile de connaître la vitesse de l'écoulement par C ; pour cela il suffit de chercher la hauteur génératrice de cette vitesse qui est celle d'une colonne d'air de même densité que celui qui s'écoule par c et qui presse comme 4 centimètres d'eau, soit d, la densité de cet air, et H la hauteur génératrice, on a H $d = 0,04 \times 770$ (1). La pression de l'atmosphère mesurée en eau $= 10,34$ mètres, celle de l'air qui s'écoule est donc $10,34 + 0,04 = 10,38$ mètres, les densités sont comme les pressions, d'où $1 : d :: 10,34 : 10,38$, et alors $d = 1,0038$; portant cette valeur de d, dans l'équation précédente, il vient H $\times 1,0038 = 0,04 \times 770$ ou bien enfin H $= \frac{0,04 \times 770}{1,0038} = 30,68$ mètres, la vitesse de l'écoulement est alors $\sqrt{19,62 \times 30,68} = 24,53$ mètres par seconde.

Cette vitesse, pour un soufflet donné, dépend du diamètre de la tuyère (2). Il est certain que si l'ouverture double en surface, la vitesse ne sera plus que moitié, mais, la pression de l'air dans le soufflet diminuera en conséquence, ainsi, pour un soufflet donné, il y a telle tuyère qui rend la vitesse convenable, telle autre qui la donne trop faible pour que la combustion se fasse convenablement, c'est-à-dire pour produire la température nécessaire.

Une trop grande vitesse aurait aussi son inconvé-

---

(1) La densité de l'air à la surface de la terre étant 1, celle de l'eau $= 770$, en supposant l'eau et l'air dans les conditions normales; alors 1 mètre cube d'eau pèse 1000 kilogrammes, et pareil volume d'air pèse 1,298 kilogrammes; on a $\frac{1000}{1,298} = 770$ la pression d'une colonne fluide est toujours égale au produit de sa hauteur par sa densité, c'est pour cela que je dis, H $d = 0,04 \times 770$.

(2) Pièce en fonte, en cuivre, en fer, scellée dans l'âtre de la forge et dans laquelle se place le bout du soufflet avec un lut pour s'opposer à la déperdition de l'air.

nient : l'air pourrait frapper si fort le combustible qu'il fût lancé au loin, ainsi, le rapport entre l'ouverture de la tuyère et la capacité du soufflet doit être fixé par l'expérience, ce rapport variera avec l'épaisseur de la couche combustible, et aussi avec le nombre de coups de soufflets donnés dans l'unité de temps. Enfin, étant fixé par l'expérience sur la vitesse avec laquelle l'air devra frapper le combustible, on devra obtenir cette vitesse; elle se déduira de la pression observée à l'aide du syphon $a\ b\ c\ d$ dont il a été parlé ci-dessus.

Dans une forge de maréchal de moyenne grandeur, le soufflet a, dans la partie la plus large, 30 à 32 pouces, et une longueur proportionnée, l'ouverture de la tuyère est de 2 centimètres de diamètre.

La pression de l'air, dans ce soufflet, étant mesurée par 4 centimètres d'eau; on peut demander quel volume d'air il passe chaque seconde. Dans ce cas, la vitesse$=24,53$ mètres$=2453$ centimètres, la surface de l'ouverture $=\frac{11}{14}(2)^2$ $=3,14$ centimètres carrés et le volume passé en une seconde est alors $3,14 \times 2453 = 7702$ centimètres cubes. Cet air est sous une pression mesurée par une colonne d'eau de 10,38 mètres, s'il était sous la pression atmosphérique qui $= 10,34$ mètres, il augmenterait en proportion, d'où $10,34 : 10,38 :: 7702 : x$, $x = 7732$, ainsi, un tel soufflet fournit 7732 centimètres cubes d'air; chaque seconde $= 7$ litres $\frac{3}{4}$ à très-peu près.

Pour brûler un kilog. de houille, il faut rigoureusement 7,60 mètres cubes d'air [40], à la forge, on peut estimer que l'air est aux $\frac{3}{4}$ brûlé, c'est-à-dire, qu'il n'y reste qu' $\frac{1}{4}$ d'oxigène libre. Après la combustion, il faut donc, pour brûler 1 hilog. de houille à la forge, $7,60 + \dfrac{7,60}{2} =$ 11,40 mètres cubes d'air $= 11400$ litres, en sorte que, avec le soufflet sus-mentionné, pouvant fournir 27835 litres d'air par heure on brûlera $\frac{27\,835}{11\,400}$ = 2,44 kilogrammes durant ce temps.

138. Dans les hauts fourneaux, l'air doit être poussé avec une grande force, car la couche de combustible est très-épaisse, elle varie depuis 15 jusqu'à 40 pieds, et offre alors une résistance proportionnée. On concevra combien elle est grande si on considère que dans ces fourneaux il n'y a pas seulement du combustible, mais pêle-mêle du combustible, du minerai et du fondant, que tout cela est en fusion ou à l'état pâteux, et forme alors un magma fort difficile à traverser; aussi l'air doit-il être poussé dans ces fourneaux avec une vitesse considérable, et pour cela, il doit supporter une pression correspondante dans le réservoir d'où il s'écoule. On conçoit encore que ce réservoir ne peut plus être fermé par des parois en cuir comme dans le soufflet du forgeron, il faut quelque chose de plus résistant.

Lorsque le haut fourneau n'a pas plus de 20 à 24 pieds d'élévation, comme sont tous ceux de la Bourgogne qui, en outre, sont chauffés au charbon de bois, combustible le plus léger possible, la pression de l'air dans le réservoir ne dépasse pas $\frac{1}{2}$ mètre d'eau en sus de celle de l'atmosphère, ce qui donne à cet air une vitesse d'environ 85 mètres par seconde (1). On peut alors se servir de soufflets en bois, ils ne

---

(1) D'abord la densité de cet air se trouve par la proportion 10,34 : 10,84 :: 1 : x = 1,048, la densité de l'air étant 1, celle de l'eau = 770 donc la pression motrice mesurée par une colonne d'air normal = $770 \times \frac{1}{2}$ = 385 m., cette même pression, mesurée par une colonne d'air d'une densité 1,048, sera $\dfrac{385}{1,048}$ = 367 mètres; telle est la hauteur génératrice de la vitesse qui, en conséquence, est égale à $\sqrt{19,62 \times 367}$ = 84,8 mètres donc, etc.

diffèrent des précédens qu'en ce qu'au lieu d'avoir les côtés en cuir ils sont en bois. Ils se composent de deux caisses glissant à frottement l'une dans l'autre, la *fig.* 14 montre asséz quelle en est la disposition.

On préfère avec raison des soufflets à pistons dits machines soufflantes. Ces machines consistent en une caisse en bois divisée en 3 compartimens A, B, C, fermée à la partie inférieure, et ouverte à la partie supérieure; la *fig.* 15 offre une coupe horizontale et une verticale de cette machine. Dans les espaces A, B, qui sont prismatiques et à base carrée, jouent des pistons A', B', aussi en bois, et dans l'espace C qui est prismatique et à base rectangulaire, joue de même un piston C' qui porte un syphon renversé *a b c d* pour indiquer la pression de l'air renfermé dans le réservoir C. Des soupapes S, S'; *s, s'*, établissent les communications en temps opportun.

L'air accumulé dans le réservoir s'en échappe par une ouverture D, puis il passe dans les fourneaux. Les pistons A', B', ont des tiges G, H qui sont attachées à des leviers à cames ou à des manivelles, etc., ils jouent alternativement, et de sorte que, lorsque l'un est presqu'au bas de sa course, l'autre commence à descendre, et vice versâ. Une roue hydraulique ou une machine à vapeur sert de moteur à cette machine. D'après cette description et l'examen de la figure, on voit comment l'air est introduit par aspiration dans les espaces A, B, et de là refoulé dans le réservoir C.

On conçoit que la caisse doit être faite du bois le plus sec possible et de celui qui donne le frottement le plus doux; le noyer est excellent (1); les pistons sont dans le même cas, quelquefois ils sont garnis de bandes de cuir gras pour

(1) Une telle machine doit être placée dans un lieu où elle n'ait rien à souffrir de la chaleur des fourneaux.

mieux fermer. Le piston C' est soulevé par l'air contenu dans le réservoir, on le charge de poids plus ou moins grands pour que l'air contenu en C soit plus ou moins comprimé suivant le besoin.

Plus le réservoir C est grand, plus la vitesse de l'air qui s'écoule en D est uniforme, et c'est ce qui convient, car le but est d'obtenir un écoulement sous pression constante, on ne l'obtiendrait pas sans le réservoir : il y aurait à chaque reprise de mouvement diminution de vitesse, ce qu'il faut éviter, dans un grand nombre de cas la continuité étant une des conditions du succès.

Souvent les capacités A, B, C, sont indépendantes, c'est-à-dire que l'on fait 3 caisses, cela vaut peut-être mieux, lorsqu'il est besoin de faire des réparations; mais, dans tous les cas, elles doivent être en contact par les parois qui portent les soupapes S', s' pour établir la communication.

La même machine soufflante sert quelquefois à plusieurs fourneaux, ou à la fois, ou alternativement.

139. Lorsqu'il s'agit de hauts-fourneaux comme ceux employés en Angleterre, lesquels ont 50 pieds d'élévation et sont alimentés par le coke, combustible beaucoup plus dense que le charbon de bois, les machines soufflantes en bois ne seraient point assez solides; la pression de l'air y étant plus grande, les parois en bois fléchiraient. Dans ces fourneaux, l'air, pour prendre une vitesse suffisante, doit supporter une pression, en sus de celle atmosphérique, mesurée par 2 à 2 $\frac{1}{2}$ mètres d'eau, c'est cette forte pression qui exige que les appareils soient en métal; ce sont ordinairement des corps de pompes cylindriques en fonte de fer, bien alésés et dans lesquels jouent des pistons aussi en métal. Du reste, les dispositions sont les mêmes que dans la *fig.* 15, excepté que les 3 capacités sont cylindriques et non adhérentes.

Il existe en Angleterre de ces machines soufflantes dans

lesquelles les corps de pompe ont 12 pieds de hauteur et 90 pouces de diamètre, il en existe même une dont le piston à 108 pouces anglais de diamètre (1).

Avec des machines d'aussi grandes dimensions, le réservoir d'air n'est point en métal, c'est une vaste capacité construite solidement en maçonnerie et bien cimentée : la pression qui pousse l'air dans le fourneau est exercée par une colonne d'eau ainsi qu'on le voit (*fig.* 16). C est le réservoir d'air, cet air, poussé par les pompes, arrive dans un canal M, il s'écoule dans les fourneaux par le tuyau D, un étang placé au dehors communique avec ce réservoir par une large ouverture N, et dès lors l'eau tend constamment à se niveler dans le réservoir C; si elle n'y atteint pas, cela est dû à la pression de l'air contenu dans ce réservoir, laquelle est égale à celle de l'atmosphère, plus la différence de hauteur entre l'eau en C et celle de l'étang, on voit que, si elle diminue, l'eau s'élève en C, si elle augmente, elle s'abaisse, et enfin, si elle augmentait trop, l'air surabondant sortirait par l'ouverture N; de la sorte, on obtient un courant constant dans les fourneaux.

Recherchons actuellement avec quelle vitesse cet air s'écoule lorsque la pression est de $2\frac{1}{2}$ mètres d'eau en sus de l'atmosphère; il supporte donc une pression égale à $10,34 + 2,5 = 12,84$ mètres d'eau, la densité étant proportion-

---

(1) Le plus difficile est d'alléser de tels cylindres, ils doivent être verticaux durant ce travail, sans cela ils se déformeraient sous leur propre poids, et lorsqu'ensuite on les redresserait, ils ne seraient plus cylindriques.

M. Clément assistait à l'essai de l'une de ces machines: au premier moment, l'aspiration fut si grande que les portes et fenêtres du local furent brisées par l'air extérieur rentrant dans ce local.

nelle aux pressions, on a 10,34 : 12,84 :: 1 : x, d'où x = 1,241 la pression 2,5 mètres d'eau estimée en une colonne d'air normal = 2,5 × 770 (1), et estimée en une colonne d'air de la densité 1,241, elle est $\frac{770 \times 2,5}{1,241}$ = 1551 mètres, la vitesse d'écoulement sera, en conséquence de cette hauteur, égale à $\sqrt{19,62 \times 1551}$ = 174 mètres par seconde.

La tuyère d'un haut fourneau varie ordinairement entre 4 et 5 centimètres de diamètre; supposons-la plus petite, sa surface sera $\frac{11}{14}$ (4)² = 12,57 centimètres carrés, la vitesse étant 174 mètres ou 17400 centimètres; le volume d'air sorti chaque seconde sera 17400 × 12,57 = 218718 centimètres cubes, et en une heure 787 mètres cubes à très-peu près.

Cet air, s'il était dans les conditions normales, aurait un volume d'autant plus grand que la pression serait moindre, l'appelant x, on a 10,34 : 12,84 :: 787 : x, d'où on déduit x = 977 mètres cubes. L'air est brûlé aux $\frac{3}{4}$ dans ces fourneaux; dès-lors il en faut pour chaque kilogramme de coke 9 + $\frac{9}{2}$ = 13,5 mètres cubes [38]; donc la quantité d'air entrée par la tuyère dans le fourneau suffit pour brûler chaque heure $\frac{977}{13,5}$ = 72 kilogrammes de coke ou 1728 kilogrammes en 24 heures.

140. Dans les fonderies de fer lorsqu'on fond de petites quantités comme 5 à 600 livres, on se sert d'un fourneau dit *fourneau à manche*, à la Wilkinson, etc. Dans ce fourneau le métal et le combustible se jettent pêle-mêle et le

(1) La densité de l'eau = 770, celle de l'air étant 1, donc, si la pression motrice, au lieu d'être une colonne d'eau, était une colonne d'air dans les conditions normales, la colonne, au lieu d'être 2,5, serait 770 fois 2,5 mètres.

feu est entretenu par des soufflets. Si le fourneau est peu élevé, on peut prendre des soufflets de forge ; mais s'il a 6 à 7 pieds, il vaut mieux employer une machine soufflante à réservoir d'air (1).

Dans les fonderies de cuivre, on emploie des fourneaux dits *à vent*, lesquels sont alimentés d'air par des soufflets ; en général, la grandeur de ces soufflets et la vitesse de l'air ne peuvent être connues que par l'expérience, on mesurera toujours cette dernière à l'aide d'un syphon renversé comme il a été montré aux *fig.* 13, 14 et 15.

141. Il est quelques cas particuliers dans lesquels, pour alimenter d'air un fourneau qui produit de la vapeur, on ne peut employer une cheminée avantageusement ; par exemple, sur les bateaux à vapeur la cheminée ne peut être élevée suffisamment pour obtenir un bon tirage, à cause du passage sous les ponts, et aussi de la stabilité du bâtiment. On doit la faire métallique afin qu'elle soit d'un moindre poids et pouvoir l'abaisser au besoin, ce qui est une deuxième cause pour avoir un mauvais tirage et par suite une mauvaise combustion, il serait convenable dans ce cas d'essayer d'un autre moyen. Une machine soufflante pourrait peut-être s'employer avec succès ; ici il ne s'agit pas de donner à l'air une vitesse plus grande que 15 ou 16 mètres par seconde, mais, comme il en faut une grande quantité, il faudrait une machine d'un grand volume, ce qui est assez embarrassant. Dans ces circonstances, M. Clément conseille d'employer le ventilateur de Désaguillers ; voici en quoi il consiste :

Un axe horizontal A (*fig.* 17) est armé de 4 ou 6 ailes dont les plans lui sont perpendiculaires (tels sont ceux des machines à battre et vanner le blé) ; il tourne dans un tambour cylindrique B et le remplit le plus exactement possible

(1) L'élévation dépend de la masse à fondre.

sur la circonférence et les extrémités; une ouverture C est pratiquée dans chaque fond de ce tambour; elle doit, d'après M. Clément, avoir un diamètre égal au $\frac{1}{3}$ de celui du volant (1), et l'ouverture de sortie D doit avoir une surface égale à la somme des deux ouvertures C. Si on fait tourner le volant, ses ailes frappent l'air renfermé dans le tambour et lui communiquent un mouvement de rotation assez rapide; cet air, ainsi arrivé au-devant de l'ouverture D, s'échappe en grande partie en vertu de la force centrifuge; mais il ne peut le faire sans qu'une quantité d'air correspondante ne soit aspirée par les entrées C. Il y aura donc ainsi un écoulement continu par l'orifice de sortie.

M. Clément estime que la vitesse d'écoulement est celle du bout des ailes et qu'alors le volume d'air écoulé chaque seconde est le produit de cette vitesse par la surface de l'orifice de sortie:

Exemple, soit un volant de $\left\{\begin{array}{l} \text{2 mètres de diamètre,} \\ \text{0,60 mètre de long;} \end{array}\right.$

les trous d'entrée devront avoir pour diamètre $\frac{2}{3}$ de mètre, la surface d'un de ces trous sera $\frac{11}{14} \left(\frac{2}{3}\right)^2 = 0,35$ mètre carré, la surface des deux trous sera donc 0,70 mètre carré, la circonférence du volant est $\frac{22}{7} \times 2 = 6,28$ mètres, en supposant que le volant fasse deux tours par seconde, la vitesse sera 12,56 mètres, et le volume écoulé sera $12,56 \times 0,7 = 8,792$ mètres cubes, ou, par heure, 31651 mètres cubes, ce qui suffit pour brûler $\frac{31651}{15\frac{1}{2}} = 2042$ kilogrammes de houille par heure (2).

---

(1) Il vaut mieux plusieurs ouvertures très-rapprochées du centre qui, en somme, aient la surface de celle-ci.

(2) Ce résultat paraît exagéré, et je crois bien qu'en effet il est beaucoup trop grand; d'abord rien ne prouve que la

Cet aperçu nous fait voir qu'il n'est pas impossible d'alimenter un foyer avec un ventilateur, et cela mériterait la peine d'être tenté par quelque manufacturier, ami des sciences et des arts. Le cendrier serait complètement fermé à l'exception d'un tube qui viendrait s'y aboucher et s'ajusterait en I sur le ventilateur.

142. Recherchons actuellement quelle dépense il faudrait faire en force motrice pour alimenter un foyer de cette manière, soit avec une machine soufflante, soit avec un ventilateur, car cette quantité est indépendante de la machine.

Pour que l'air puisse traverser le combustible avec la vitesse convenable à une bonne combustion, il faut que dans le réservoir il éprouve une certaine pression; supposons que cette pression, mesurée avec un syphon d'eau, est de 0,02 mètre, alors la dentité de l'air renfermé dans le réservoir sera 1,00193 (1), et la vitesse qu'il prendra, en vertu de cette pression, sera 17,36 mètres par seconde (2), vitesse bien convenable au but [109].

Un kilogramme de houille, pour brûler, exige $15\frac{1}{2}$ mètres cubes d'air dans les conditions normales qui pèsent alors $15\frac{1}{2} \times 1,298 = 20,119$ kilogrammes; ou bien, comme

---

vitesse de lair, à sa sortie, soit celle du bout des ailes du volant, il y aurait des expériences à faire pour bien déterminer le parti qu'on pourrait tirer de cette machine.

(1) Elle se trouve par cette proportion $10,34 : 10,36 :: 1 : x$, puisque les densités sont proportionnelles aux pressions.

(2) La pression 0,02 mètre, évaluée en air pris dans les conditions normales serait $0,02 \times 770$, et évaluée en air pris à la densité 1,00193, elle est égale à celle d'une colonne de cet air ayant pour hauteur $\frac{0,02 \times 770}{1,00193} = 15,37$ m. [137], la vitesse due à cette hauteur est alors $\sqrt{19,62 \times 15,37} = 17,36$ mètres.

l'eau pèse 770 fois cet air à volume égal, le poids est celui de $\dfrac{15,5}{770}$ mètres cubes d'eau et comme la hauteur d'où doit tomber cette masse pour acquérir la vitesse de 17,36 mètres est 15,37 mètres, la puissance mécanique nécessaire est égale à $\dfrac{15,5}{770}$ $\times$ 15,37 = 0,309 dynamies (1); triplant cette dépense à cause des pertes de force, des frottemens, etc., il n'y aura d'employé qu'$\frac{4}{53}$ de la force développée par le combustible, pour lui fournir l'air nécessaire à sa combustion, ce qui est bien moindre que ce qu'exige la meilleure cheminée (2).

143. Dans ces derniers temps il a été présenté à la société industrielle de Mulhouse, par M. Frey d'Arau, un instrument pour mesurer la quantité d'air qui entre dans un

---

(1) On verra 6e section qu'une dynamie est la puissance mécanique nécessaire pour élever d'un mètre de hauteur un mètre cube d'eau, et on verra aussi qu'un kilogramme de houille donne, dans une machine à vapeur, au *minimum* 53 dynamies effectives.

(2) Les personnes qui ne seraient point familiarisées avec les calculs sur la puissance mécanique, peuvent analyser ainsi cette question : soit un piston d'un mètre carré qui refoule l'air dans le réservoir, comme la pression de cet air est mesurée par 0,02 mètre d'eau, il faudrait, sur ce piston, pour atteindre l'équilibre, un poids équivalent, c'est-à-dire une couche d'eau de un mètre carré sur 2 centim. de hauteur, c'est 20 litres ou 20 kilog.; telle est la pression qu'il faut exercer sur le piston, il faudra donc élever 20 kilogrammes à 15 $\frac{1}{2}$ mètres de hauteur pour chaque kilogramme de houille à brûler, ce qui équivaut à 20 $\times$ 15 $\frac{1}{2}$ = 310 kilogrammes élevés à 1 mètre = 0,310 dynamies. Triplant ce résultat à cause des frottement, on aura 1 dynamie à très-peu près pour la force qu'exige l'alimentation d'air propre à brûler un

foyer (1). Il consiste en une roue à ailes inclinées semblables à celles qui se placent aux fenêtres des lieux de réunion dont on veut changer l'air; cette roue est placée dans un tube cylindrique de même diamètre; son axe porte un pignon, lequel, avec une série de roues dentées, forme un compteur pour les tours de la roue à ailes. Lorsqu'on veut se servir de cet instrument, on ferme le cendrier en n'y laissant qu'un trou propre à recevoir ledit tube qui porte la roue, lequel se place horizontalement dans ce trou. L'air, en entrant, fait tourner la roue, vu qu'il frappe obliquement sur ses ailes, et du nombre de ses révolutions on peut conclure le volume d'air introduit; bien entendu que préalablement l'instrument a été jaugé, c'est-à-dire, qu'on a mesuré combien la roue faisait de tours pour un volume d'air déterminé. L'auteur assure que la vitesse de l'air ne change rien au nombre des révolutions de la roue pour un volume d'air donné, du moins dans des limites assez étendues. Ainsi, ayant fait passer dans son instrument 100 litres d'air en trois secondes, en trente secondes, il obtint le même nombre de révolutions.

kilogramme de houille; ce résultat est tellement favorable d'après celui trouvé [132] qu'il serait bien important de faire l'essai.

Je me confirme de plus en plus dans cette opinion, car j'apprends, lorsque ceci est prêt à mettre sous presse, que MM. Brait-Hwaite et Erickson, ingénieurs-mécaniciens en Angleterre, viennent de construire une voiture à vapeur qui a obtenu le suffrage et l'admiration de tous les ingénieurs anglais, dans laquelle le foyer est alimenté de la sorte, tellement qu'avec une cheminée de 8 à 9 pieds il est complétement fumivore.

(1) *Voir* le 9e bulletin de cette société et la planche qui y est jointe.

Cet instrument est bon, il devra varier de diamètre avec les quantités d'air à mesurer dans un temps donné ; mais, comme l'a observé le savant rapporteur de la société à laquelle il a été présenté, en rétrécissant l'ouverture du cendrier, il doit diminuer le volume d'air qui s'introduit ordinairement dans le même temps, et dès-lors il n'indique que ce qui se passe durant l'expérience, mais non ce qui se passe dans un autre moment.

144. Nous avons peu de chose à ajouter à ce qui a été dit [112, 113, 115] sur les galeries des fourneaux ; jamais elles ne doivent circuler autour d'une partie de la chaudière qui ne soit complètement baignée par l'eau à l'intérieur; ainsi, il faut proscrire toutes ces galeries qui circulent au-dessus de la chaudière dans le but d'utiliser la chaleur de la fumée et d'augmenter l'élasticité de la vapeur en la chauffant, elles offrent de grands dangers puisqu'aujourd'hui on est convaincu que plusieurs explosions sont arrivées parce que des parties de chaudières qui, soit accidentellement, soit ordinairement, se sont trouvées en contact d'un côté avec la flamme, et de l'autre avec la vapeur, sont devenues rouges, température d'où résulte rupture.

On aura soin de ne jamais faire tourner brusquement et angulairement une galerie, d'une direction dans une autre : il faut que tous ces changemens de direction se fassent suivant des coudes arrondis offrant un peu plus d'ouverture que le reste. Dailleurs, les grandeurs de ces galeries fixées [112, 115] ne doivent pas être dépassées ; sans cela, la flamme, trop dilatée, n'a plus qu'une température insuffisante pour porter profit, et le courant trop lent laisse déposer de la suie. En général on leur donne une hauteur un peu moins que double de leur largeur, ou bien le rapport le plus convenable entre la hauteur et la largeur est :: 3 : 2. Des expériences ont démontré qu'on ne gagnait rien à pratiquer plusieurs étages de galeries autour d'une chaudière, la diminution de vitesse qui en résulte fait perdre davantage qu'on ne gagne, parce que la combustion est moins vive et dès-lors moins profitable : quelques constructeurs anglais préfèrent même n'en pas mettre du tout. On doit ménager des ouvertures dans tous les sens pour nétoyer ces galeries, elles se ferment, soit avec des briques posées à sec, soit avec des bouchons en fer garnis de poignées.

145. Pour avoir traité toutes les parties d'un fourneau, il nous reste actuellement à parler des foyers, grilles et cendriers : déjà nous avons touché ces parties, mais non spécialement.

La capacité d'un foyer doit varier avec la quantité et la qualité du combustible qu'on doit y brûler, celui-ci fournit plus ou moins de matières gazeuses, et occupe plus ou moins de place dans le dit. Nous avons vu [43] que le bois sec ordinaire ne fournit pas à poids égal la moitié du calorique de la bonne houille, déjà par cette cause pour obtenir, en brûlant du bois, une quantité donnée de calorique dans un temps prescrit, le foyer devra être plus grand que si l'on y brûlait de la houille. Il faut en poids 2,3 de bois pour donner l'équivalent de 1 de houille, mais à poids égaux le bois occupe un volume égal aux $\frac{28}{15}$ de celui de la houille [54, 55]; donc, le volume de bois et de houille qui fournissent la même quantité de calorique, sont entre eux :: $\frac{28}{15} \times 2,3 : 1$ ou :: 4,3 : 1. Si on n'avait égard qu'à ces causes, les foyers de même puissance brûlant du bois ou de la houille devraient alors avoir des capacités entre elles dans ce rapport; mais il faut encore tenir compte des matières gazeuses développées durant la combustion. Pour des poids égaux de bois et de houille, les volumes de ces gaz sont entre eux :: 9 : 20 (1); mais, comme il faut pour des

_____

(1) Un kilogramme de houille, en brûlant, absorbe 15½ m.

foyers égaux en puissance 2,3 de bois pour 1 de houille, les volumes des gaz dégagés dans le même temps, soit par le bois, soit par la houille, sont entre eux $:: \frac{9}{20} \times 2,3 : 1$ ou $:: 1,03 : 1$. C'est à très-peu près le même volume de part et d'autre (1) d'où suit que pour des foyers d'égale puissance (2) alimentés par du bois ou de la houille, les capacités doivent être entre elles $:: 4,3 : 1$ ou en nombres ronds $:: 4\frac{4}{3} : 1$.

Pour la tourbe ce rapport doit changer, elle est moins dense que le bois de chêne ou de hêtre dont il vient d'être ques-

---

cubes d'air [41], lesquels, portés à la température moyenne du foyer qui est 1800° [112], prennent un volume égal à $15\frac{1}{2} + \frac{15\frac{1}{2}}{267} \times 1800 = 120$ mètres cubes [19].

Un kilogramme de bois, en brûlant, exige $7\frac{1}{2}$ mètres cubes d'air, et comme la température d'un foyer alimenté au bois est d'environ 1500°, ce volume devient $7\frac{1}{2} + \frac{7\frac{1}{2}}{267} \times 1500$ $= 49\frac{1}{2}$ mètres cubes; mais en même temps il se fait 580 grammes de vapeur d'eau [55], lesquels, à 100°, occupent un volume déterminé par cette proportion $1000 : 580 :: 1700 : x$ [89] $= 986$ décimètres cubes; ce volume, à 1500°, deviendra $986 + \frac{986}{267} \times 1400$ [19] $= 4747$ décimètres cubes à très-peu près $4\frac{3}{4}$ mètres cubes, ce qui, joint au volume d'air brûlé, fait $49\frac{1}{2} + 4\frac{3}{4}$ égal $54\frac{1}{4}$ soit dit en nombre rond 54 mètres cubes. Les volumes des matières gazeuses sont donc $:: 54 : 120$ ou $:: 9 : 20$.

(1) De là suit que les carneaux ou galeries d'un fourneau à bois devront se faire comme ceux d'un fourneau à houille de même puissance.

(2) On entend par foyers d'égale puissance des foyers capables de produire dans le même temps la même quantité de calorique.

tion, donc il faut encore tenir le foyer plus grand s'il doit avoir la même puissance.

Un de houille en poids est équivalent à 3 de tourbe bonne qualité [43] (1). Les volumes de poids égaux de houille et de tourbe sont entre eux ∷ 11 : 28 (2), alors les volumes de ces deux combustibles qui développent la même quantité de calorique, sont entre eux ∷ 3 × $\frac{28}{11}$: 1, ou ∷ 7,6 : 1. Quant au volume des matières gazeuses, il est plus faible pour deux raisons, la nature du combustible et la température, celle d'un foyer à tourbe sera moyennement de 1200 degrés. Brûler de la tourbe ou du bois, c'est à très-peu près la même nature de gaz, mais la tourbe en fournit environ $\frac{1}{5}$ de moins à poids égal du bois, puisqu'elle contient $\frac{1}{5}$ de matières terreuses, de là il suit que pour des foyers d'égale puissance alimentés à la houille ou à la tourbe, la quantité de gaz produite dans un temps donné, est très-sensiblement la même (3), mais ceux de la tourbe sont à une moindre température, ils occupent donc un moindre vo-

---

(1) Il y a des tourbes plus avantageuses. Dans une expérience faite par M. Dupasquier, fabricant d'indiennes dans le pays de Neufchâtel en Suisse, avec 10131 livres de tourbe compacte et bien sèche; on a vaporisé 23040 livres d'eau, ce qui est dans le rapport à très-peu près de 1 : 2 $\frac{1}{4}$; la houille ne donne que celui 1 : 6 ordinairement.

(2) Un mètre cube pèse 330 kilogrammes, mais cela est excessivement variable suivant la nature de la tourbe.

(3) Un de houille équivaut 2,3 de bois ou 3 de tourbe en poids; nous avons dit aussi que 1 de houille équivaut, en gaz, 2,3 de bois, mais à poids égaux la tourbe fournit, en volume, $\frac{4}{5}$ des gaz du bois, donc 3 de tourbe fourniront autant de gaz que $\frac{4}{5}$ de 3 parties de bois; les $\frac{4}{5}$ de 3 = à très-peu près 2,3, donc, soit qu'on brûle 1 de houille, 2,3 de bois, 3 de tourbe, le volume gazeux est le même.

lume, environ les $\frac{11}{14}$, ce qui réduira la capacité du foyer nécessaire aux $\frac{11}{14}$ de $7,6 = 6$. Ainsi, pour des foyer de même puissance calorifique alimentés par de la houille ou par la tourbe, les capacités doivent être ∵ 1 : 6.

Si le combustible était du bois de sapin, on ferait de même, car sa densité diffère peu de celle de la bonne tourbe; ainsi le rapport entre les capacités des foyers de même puissance pour la houille ou le sapin sera ∵ 1 : 6.

S'il s'agissait de foyers dans lesquels on brûlerait du charbon ou du coke, ils doivent être un peu plus grands que ceux de même pouvoir, alimentés de houille, à cause de la moindre densité de ces combustibles, et précisément dans ce rapport. Il est vrai que leur valeur calorifique est un peu plus grande, mais aussi il faut un peu plus d'air pour brûler ces combustibles, ce qui offre sensiblement compensation; ainsi un foyer dans lequel on brûlerait du coke devrait être entre 2 et $2\frac{1}{2}$ fois plus grand que si on y brûlait de la houille pour produire le même effet, il serait un peu moindre pour le charbon de tourbe qui est plus dense.

146. Ces rapports étant trouvés, il suffit actuellement de chercher quelle capacité doit avoir un foyer pour brûler telle ou telle quantité de houille dans un temps donné, dans ce cas l'expérience est le seul guide convenable. Une moyenne de plusieurs observations montre que, pour brûler 100 kilogrammes de houille par heure dans un foyer, sa capacité doit être entre 0,4 et 0,5 mètre cube, c'est de 400 à 500 litres ou décimètres cubes. On l'augmentera ou la diminuera proportionnellement pour des quantités plus ou moins grandes à brûler dans le même temps; nous verrons bientôt que ce rapport est donné plus convenablement par la surface de la grille.

D'après cela, on conçoit que pour brûler chaque heure une quantité de bois équivalente à 100 kilog. de houille (c'est 230 kilogrammes), il faut un foyer dont la capacité soit

0.4 $\times$ 4,33 = 1,732 mètres cubes ou 1732 décimètres cubes. Et ainsi de suite des autres combustibles d'après ce qui a été dit [145].

147. Dans un foyer, la grandeur de la grille est un point important ; on peut, sur des grilles de grandeurs fort différentes, brûler les mêmes quantités de combustible dans un temps donné, il suffit pour cela que l'air qui traverse cette grille ait une vitesse plus ou moins grande ; il suffit encore, pour faire changer la grandeur d'une grille, de diminuer ou augmenter l'épaisseur de la couche du combustible, car de là résultent des différences dans la résistance que l'air éprouve à son passage, et dès-lors dans sa vitesse. La hauteur et la température d'une cheminée étant données, la vitesse, maximum de l'air à son passage à travers la grille, se trouve déterminée, et dans ce cas, on ne peut varier à son gré la grandeur de la grille, lorsque la qualité de combustible à brûler et le temps sont fixés. Si on la fait trop petite, il faudra de deux choses l'une, ou mettre une couche fort épaisse de combustible sur la grille, ce qui augmentera la résistance au passage de l'air, diminuera la vitesse, et de là, donnera une mauvaise combustion ; ou bien alors, on mettra sur la grille une mince couche, mais on la renouvellera fréquemment ; de là, d'autres inconvéniens et aussi graves que les premiers, car, dans ce cas, le service du feu sera très-pénible, et il pourra même être impossible de l'obtenir régulier ; ensuite, la porte du fourneau étant très-souvent ouverte, une grande quantité d'air, inutile à la combustion, traversera le fourneau et le refroidira. Il serait donc préférable, pour toutes ces raisons, d'avoir une trop grande grille plutôt qu'une trop petite. Cependant il ne faudrait pas qu'elle dépassât la grandeur relative qu'elle doit avoir avec la cheminée, car s'il arrivait que la grille offrît plus de passage que la cheminée ou les galeries, le maximum de vitesse ne se trouvant plus à la grille, on ne pourrait ob-

tenir un bon résultat. Ainsi, une cheminée étant donnée, c'est-à-dire le tirage étant fixé, il y a telle grandeur de grille qui convient pour brûler telle ou telle quantité de combustible chaque heure, et de laquelle on ne peut s'écarter sans perte de calorique ou mauvais résultat. Cette grandeur peut être déterminée par le calcul ou par l'expérience, et celle-ci démontre que pour un foyer dont le tirage est l'effet d'une cheminée dans les proportions ordinaires de hauteur, c'est-à-dire, si la vitesse est comme on l'a indiqué [109] de 16 mètres terme moyen, on peut brûler chaque heure 100 kilogrammes de houille sur une grille d'un mètre carré de surface dont $\frac{1}{4}$ au moins est ouvert (1).

148. La surface d'une grille varie nécessairement avec la nature du combustible. L'expérience démontre que, pour un foyer de même puissance, la grille sur laquelle on brûlera du bois ne devra avoir qu'$\frac{1}{3}$ de la surface de celle qu'il faudrait, si on y brûlait de la houille, ou, ce qui revient au

---

(1) Cette donnée pourra paraître un peu petite, car plusieurs auteurs indiquent de plus grandes dimensions. Tredgold dit qu'il faut donner à la grille 1 pied carré pour brûler $\frac{1}{8}$ de boisseau de houille par heure, ce qui correspond, en mesure française, à 1,84 mètre carré pour brûler 100 kilogrammes. Divers résultats consignés dans d'autres ouvrages, et aussi mes propres expériences m'ont prouvé qu'on pourrait bien brûler 100 kilogrammes de houille en une heure sur une grille de $\frac{2}{3}$ mètre carré. J'ai donc indiqué ici un terme moyen qui, d'ailleurs, correspond aux fourneaux les plus économiques que je connaisse et qui a l'avantage de coïncider avec les résultats du calcul. Mais si le foyer était petit, ayant une cheminée plus basse la vitesse pourrait être un *minimun*, et dans ce cas, il faudrait prendre la grille un peu plus grande, par exemple, 125 centimètres carrés par kilogramme de houille à brûler chaque heure.

même, les grilles servant à brûler dans le même temps des poids égaux de bois et de houille, ont des surfaces entre elles :: 7 : 1 à fort peu près ; ainsi on peut brûler par heure 100 kilogrammes de bois dur sur une grille de $\frac{1}{7}$ de mètre carré = 0,1728 mètre carré, ou 1728 centimètres carrés.

Cette différence dans la grandeur est due : 1° à ce qu'à poids égal le bois exige environ moitié moins d'air pour sa combustion que la houille ; 2° parce que le bois ne s'attache point aux barreaux comme le fait la houille, et qu'alors il ne bouche point une si grande partie de la portion ouverte de cette grille. Ce combustible s'oppose bien peu au passage de l'air; car, si petite que soit la grille, elle en laisserait passer une trop forte quantité si on ne mettait un grande élévation de combustible sur cette grille, par exemple de 5 décimètres de hauteur; alors l'air forcé de traverser cette couche embrasée abandonne son oxigène en grande partie dans ce trajet.

Nous avons dit [145] que les capacités des foyers de même puissance alimentés à la houille ou au bois étaient entre elles :: 1 : $4\frac{1}{3}$, et nous voyons que dans ces derniers la grille doit être trois fois plus petite: il faudra donc donner au foyer une forme évasée, c'est-à-dire, qu'il s'élargisse beaucoup depuis la grille à la chaudière, afin que, tenant compte de ces deux élémens et de la distance entre la grille et la chaudière [150], le tout soit concordant. Cette même observation s'appliquera aux autres foyers.

La tourbe exige une grille plus grande que le bois à cause des cendres abondantes qu'elle produit et d'une quantité un peu plus grande qu'il en faut brûler pour obtenir le même effet calorifique; l'expérience montre que pour des foyers de même puissance, la grille sur laquelle on brûle de la tourbe doit avoir une surface égale à celle de la grille sur laquelle on brûlerait de la houille, et l'épaisseur de la couche de tourbe doit être entre 3 et 4 décimètres. D'après cela, si on cherche quelle surface il faut pour brûler 100 kilogrammes de tourbe en une heure, on la trouve égale à $\frac{1}{3}$ de mètre carré $= 0{,}3333$ mètre carré ou 3333 centimètres carrés. En effet, pour brûler 100 kilogrammes de houille dans une heure, il faut une grille d'un mètre carré, et comme ils sont représentés par 300 kilogrammes de tourbe, pour brûler cette dernière quantité, il faut aussi un mètre carré; donc pour brûler 100 kilogrammes de tourbe dans une heure, il faudra un tiers de mètre carré.

Pour brûler du charbon de bois, la grille doit être de même grandeur que celle sur laquelle on brûlerait du bois si les foyers sont de même puissance; car en poids 1 de charbon équivaut à fort peu près à 3 de bois et les quantités d'air nécessaires pour brûler; 1 de charbon et 3 de bois sont à fort peu près les mêmes. Ainsi il faut prendre des grilles de même surface, puisque l'un de ces combustibles n'encrasse pas la grille plus que l'autre. Quant à l'épaisseur de la couche combustible, on la fera de 4 décimètres environ. Si ces grilles doivent être égales lorsqu'il s'agit de produire des mêmes quantités de calorique, elles ne le seront pas pour brûler dans le même temps des poids égaux de ces combustibles; puisque 1 de charbon exige la même grille que 3 de bois, pour brûler 100 kilogrammes de charbon, il faudra la même grille que pour brûler 300 kilogrammes de bois, ou une grille trois fois plus grande que celle nécessaire à brûler 100 kilogrammes de bois; c'est donc $\frac{3}{7}$ de mètre carré $= 0{,}4285$ mètre carré $= 4285$ centimètre carrés.

Le coke est encore un combustible fréquemment employé, la quantité d'air qui est nécessaire à sa combustion est la même que pour le charbon de bois; donc il faudra les mêmes surfaces pour l'un ou pour l'autre; il est vrai que ce combustible s'attache un peu aux grilles et qu'alors il en demanderait peut-être une un peu plus grande; mais en compensation, comme sa densité est presque double, la couche de coke, posée sur la grille, n'aura que $2\frac{1}{2}$ décimètres, ce qui diminue sensiblement la résistance qu'éprouve l'air en passant.

Pour la houille, l'épaisseur de la couche ne doit jamais dépasser 12 centimètres et être moindre de 6 centimètres; si elle dépassait cette épaisseur, elle offrirait trop de difficulté au passage de l'air [109, 112], difficulté qui ne pourrait être vaincue que par une plus grande élévation de la cheminée (1), et d'ailleurs l'air ainsi arrêté se sursature de charbon; il se fait vers la couche inférieure du combustible de l'acide carbonique qui, par son contact prolongé avec les couches supérieures, se transforme en gaz oxide de carbone, il y a alors des parties combustibles de perdues. Si la couche était moindre de 6 centimètres, elle laisserait passer trop d'air et il faudrait charger le foyer trop souvent [153].

149. Les barreaux d'une grille doivent être assez écartés les uns des autres pour laisser entre $\frac{1}{3}$ et $\frac{1}{4}$ de la surface totale de la grille ouverte au passage de l'air. Lorsque le combustible est de la houille grasse, on laisse $\frac{1}{3}$ de la surface ouverte; si elle très-menue et peu collante, on ne laisse que $\frac{1}{4}$; si c'est du bois, comme il lui faut peu d'air, on ne laisse que $\frac{1}{4}$; pour la tourbe, on peut laisser $\frac{1}{3}$.

L'épaisseur des barreaux doit varier avec leur longueur, pour les barreaux les plus longs, elle est de 3 à $3\frac{1}{2}$ centimètres et pour les plus courts 2; la longueur desdits barreaux dépend de la surface que doit avoir la grille, mais on

_____

(1) C'est pour cela que les foyers les plus grands (où il se brûle le plus de combustible) exigent les cheminées les plus élevées.

ne doit point faire de barreaux de plus de 1,25 mètre de long, autrement il deviendrait impossible au chauffeur de bien jeter également le combustible jusqu'au fond et de né-toyer convenablement sa grille. La forme de ces barreaux n'est pas non plus indifférente; il convient de les faire comme le représente la fig. 18; faits ainsi ils peuvent supporter le poids du combustible sans se déformer, et leur amincissement vers le bord inférieur laisse mieux circuler l'air et donne plus de facilité pour les décrasser avec le tisonnier. Assez souvent ces barreaux réunis offrent un plan incliné dont l'inclinaison est de la bouche au fond du foyer; elle doit être faible.

150. Dans un fourneau pour la production de la vapeur, la distance de la grille à la chaudière n'est pas indéterminée; elle change avec le combustible employé. Pour la houille, cette distance doit être de 32 à 40 centimètres, suivant que la couche de combustible est moins ou plus épaisse, avec cette distance la flamme a tout l'espace nécessaire à son développement. Pour le bois, il faut bien davantage : 1° parce que la couche de combustible est 4 ou 5 fois plus épaisse ; 2° parce que la flamme du bois exige plus de développement, la distance convenable est de 10 à 11 décimètres. Pour la tourbe, la flamme est moins élevée; une distance de 7 à 8 décimètres entre la grille et le fond de la chaudière est suffisante. Pour le charbon de bois, on fait cette distance de 6 à 7 décimètres, et pour le coke, on la fera d'environ 5 décimètres.

Il serait convenable très-souvent de construire le foyer de telle façon que les barreaux qui portent la grille puissent aisément être changés de place, car la distance de la grille est bien plus importante qu'on ne le croit communément; si elle est très-rapprochée, le combustible est trop près de la chaudière, elle lui enlève brusquement sa température, alors le foyer se refroidit et la combustion se fait mal; si elle est trop éloignée, les parois du fourneau sont chauffées inutilement. Dans les bateaux à vapeur le foyer se place dans la chaudière; alors la grille est très-près de cette chaudière, et comme les parois du foyer ne peuvent s'échauffer, celui-ci donne une mauvaise combustion; aussi doit-on, pour la rendre meilleure, faire un foyer plus vaste et l'entourer au moins d'un rang de briques. M. de Valcourt, dans un mémoire envoyé à la société d'encouragement pour l'industrie nationale (1), cite un fait très-curieux. Il avait, à la Nouvelle-Orléans, établi une machine à vapeur destinée à faire marcher deux scies; les grilles étant à 3 pieds $\frac{1}{2}$ des chaudières (il brûlait du bois), les deux scies marchaient très-bien et donnaient 100 coups par minute; ayant remonté la grille de 6 pouces, la machine, avec le plus grand feu, ne put faire faire marcher qu'une scie : elle reprit son allure ordinaire aussitôt qu'on eut redescendu la grille.

151. Dans ce que nous avons fixé [147, 148, 149] sur la grandeur des grilles, nous avons supposé que la vitesse était une moyenne de celle indiquée [109]; mais évidemment cette grandeur sera autre si la vitesse est autre, ou si elle est modifiée par des causes étrangères; alors, pour trouver la grandeur convenable à une grille, dans ces circonstances, il faut s'aider du calcul; nous allons donner un exemple de ce calcul en le prenant dans les limites ordinaires de vitesse, afin que le résultat et l'expérience s'assurent mutuellement. Soit un foyer dont la cheminée est élevée de 25 mètres, la température intérieure de 400°, celle extérieure de 25°, on veut y brûler 250 kilogrammes de houille par heure; cherchons ce que doit être sa grille.

On a vu [111] que la vitesse théorique est dans ce cas de 16,32 mètres, mais à cause de la résistance du combusti-

(1) Mars 1821.

ble, elle est réduite à $\frac{1}{3}$ [112], c'est donc 5,44 mètres par seconde (1). On doit fournir chaque heure $250 \times 15\frac{1}{2} = 3875$
mètres cubes d'air et par seconde $\frac{3875}{3600} = 1,076$, ainsi le
passage nécessaire à la grille sera $\frac{1,076}{5,44} = 0,2$ mètre carré
à très-peu près. Cette ouverture est celle qui est strictement
nécessaire pour le passage de l'air : elle est alors $\frac{1}{4}$ de celle
de la grille, les trois autres quarts étant fermés par le combustible qui y est adhérent (2), d'où on conclut que la surface ouverte de la grille doit être 4 fois $0,2 = 0,8$ mètre
carré, et comme l'ouverture de la grille est $\frac{1}{3}$ de la surface
totale [149], celle-ci sera 3 fois $0,8 = 2,4$ mètres carrés,
résultat conforme à ce qui a été dit [147]. Si les barreaux
ont 1,25 mètre de longueur, la largeur de cette grille sera
$\frac{2,40}{1,25} = 1,92$ mètre.

Si au lieu de houille c'était du bois qu'il s'agît de brûler,
il ne faudrait que $\frac{250 \times 7\frac{1}{2}}{3600} = 0,520$ mètre cube d'air
par seconde ; ce combustible oppose une résistance au pas-
sage de l'air, mais elle est beaucoup moindre que celle due
à la houille, la vitesse n'est réduite qu'à la moitié, c'est-à-
dire à $\frac{16,32}{2} = 8,16$ mètres par seconde ; le passage nécessaire sera conséquemment $\frac{0,520}{8,16} = 0,063$ mètre carré,
mais la grille a environ $\frac{1}{5}$ de son ouverture fermée par les
cendres, en sorte que 0,063 n'est que les $\frac{4}{5}$ de la surface ou-

---

(1) Je prends le *minimum*, car comme c'est un très-grand
foyer, la couche combustible sera épaisse (1 décimètre environ).

(2) Ceci est confirmé par l'expérience.

verte de celle-ci qui, dans ce cas, égale $\frac{5}{4} \times 0,063$, et comme la surface ouverte de la grille est $\frac{1}{4}$ de celle totale, celle-ci sera égale à $\frac{5}{4} \times 0,063 \times 4 = 0,315$ mètre carré. Cette surface est à fort peu près $\frac{1}{7}$ de celle trouvée pour la houille, ce qui est conforme à la règle posée [147].

D'après cet essai de calcul, on voit comment on s'y prendra dans tous les cas semblables, et on peut en déduire que toutes choses égales d'ailleurs la surface d'une grille est en raison inverse de la vitesse de l'air qui la traverse. Ceci explique pourquoi on trouve tant de variations dans la grandeur des grilles lorsqu'on compare divers foyers qui vont cependant bien; c'est que le tirage n'est pas le même. Par exemple, deux cheminées n'ont pas toujours le même tirage, quoiqu'elles aient la même hauteur, car il est modifié par l'épaisseur de la couche du combustible, par la grosseur dudit, par sa qualité, par la température de la cheminée, par la disposition des canaux et leur grandeur, et une foule d'autres causes; mais si on suit à cet égard ce qui a été dit [147, 148, 149 et 151], je crois qu'on atteindra le meilleur résultat possible aujourd'hui.

151. Si, au lieu d'employer une cheminée, on pousse l'air dans le foyer avec une machine soufflante, alors la vitesse donnée à l'air n'a d'autres limites que celle de la force employée; dans ce cas il sera possible de beaucoup réduire la grandeur des grilles, ce qui est un grand avantage, puisque plus la grille est petite, pour une quantité donnée de combustible à brûler, plus la température est élevée [45] et plus alors la combustion est productive. On gagnera donc toujours en donnant à l'air une vitesse très-grande avec les cheminées; il y a des limites qu'on ne peut dépasser : 1° parce qu'une plus grande hauteur de cheminée la rend très-coûteuse; 2° parce que l'air plus chaud qu'il faudrait y envoyer absorbe beaucoup du produit calorifique, aussi je reste con-

vaincu que celui qui essaiera d'une machine soufflante pour les fourneaux à vapeur, y trouvera son compte.

153. La manière d'alimenter un foyer de combustible n'est pas indifférente; si on en met trop souvent, et par conséquent peu à la fois, il y aura beaucoup d'inégalités dans la marche, car la température diminuera à chaque charge, pour deux raisons : 1° parce qu'une quantité de combustible frais, si petite qu'elle soit, réfroidit le foyer; 2° parce que durant le temps que la porte est ouverte, une grande masse d'air passe au-dessus du combustible, dès-lors se réchauffe aux dépens du foyer, sans cependant avoir servi en quoi que soit à la combustion [167]. Autrement si on charge trop rarement, il faudra mettre à chaque fois une forte quantité de combustible, ce qui abaisse beaucoup trop la température, et dans ce cas il se fait une grande quantité de gaz combustibles qui ne brûlent point, s'échappent en pure perte et produisent ces masses de fumée noire et épaisse qu'on voit sortir des cheminées d'usine au moment où on charge le fourneau.

C'est donc entre ces deux écueils qu'il faut se tenir. L'expérience apprend que pour la houille il ne faut jamais mettre sur le foyer une quantité de combustible frais qui soit plus d'$\frac{1}{5}$ de celle qui y est en ignition; de cette sorte la combustion n'étant pas ralentie d'une manière trop sensible, il y a régularité d'action et peu de fumée. La grille d'ailleurs doit être chargée d'à très-peu près une quantité de combustible égale à celle qu'on brûle chaque heure, d'où résulte qu'on ne charge que 5 fois par heure. Ce chargement doit se faire vivement afin de laisser la porte peu de temps ouverte; le combustible doit être étendu bien également sur la grille, et il ne faut tourmenter le feu que le moins possible. Lorsque toutes les conditions posées précédemment sur la construction du fourneau sont remplies et que le foyer est alimenté avec de la houille, à moins qu'elle ne soit fort mauvaise, il ne sera pas nécessaire de décrasser la grille plus de deux fois par jour.

Nous avons dit [147] que pour brûler 100 kilogrammes de houille dans une heure, la grille devait avoir 1 mètre carré de surface; le volume de cette houille est de 120 litres = 120 décimètres cubes, et alors cette quantité de houille, répandue sur une grille de 100 décimètres carrés, donnera une couche de $\frac{120}{100} = 12$ centimètres d'épaisseur; c'est le maximum : 10 centimètres serait meilleur, à moins qu'on n'ait une cheminée très-élevée. Pour les petits fourneaux, il faudra charger un peu plus souvent, car la couche de combustible n'y étant que de 6 à 7 centimètres d'épaisseur, il n'y aura pas sur cette grille autant de combustible qu'on peut en brûler dans une heure, quoique les petites grilles soient proportionnellement plus grandes [147]; dans ce cas, il faudra changer plus souvent, 6 à 7 fois par heure environ.

Pour les foyers alimentés de bois, il ne peut y avoir en ignition sur la grille qu'entre la moitié et le tiers de ce qui doit y brûler chaque heure; mais dans ces foyers, la forme du fourneau (*voir fig.* 20) permet de mettre du combustible ailleurs que sur la grille, en sorte qu'on peut estimer que le foyer contient en ignition les $\frac{2}{3}$ de ce qui se brûle par heure; dès-lors en chargeant à chaque fois $\frac{1}{4}$ de ce qui est dans le foyer, le service se fera bien avec 6 charges par heure.

Sur les grilles des foyers alimentés avec de la tourbe, il y a un peu moins de la moitié du combustible qui doit s'y brûler dans 1 heure, il faudra donc charger 6 fois par heure, et à chaque fois mettre sur la grille $\frac{1}{8}$ de ce qui y est en ignition.

Si un foyer est alimenté de charbon de bois, la grille ne portera en ignition que $\frac{1}{8}$ au plus de ce qui doit s'y consu-

mer chaque heure ; on sera donc obligé d'alimenter environ
9 fois dans ledit temps.

Enfin, avec le coke on chargera aussi 9 fois par heure
le combustible en ignition, étant $\frac{1}{8}$ de celui à brûler durant ce temps.

154. Les portes d'un fourneau doivent joindre parfaitement bien, et à cet égard, on ne saurait trop recommander
de ne point les faire en tôle mince comme il arrive quelquefois ; car, dans ce cas, elles se déjettent par la chaleur et
ne ferment plus hermétiquement : il faut les faire en fonte
de 1 à 1 $\frac{1}{2}$ centimètre d'épaisseur et montées dans des
châssis également en fonte ; on doit y laisser, à 5 ou 6 centimètres au-dessus de la grille, un petit regard (trou de
5 centimètres environ) qui se ferme par une porte et dont
le but est de procurer au chauffeur un moyen de voir son
feu et même de donner un coup de ringard sans ouvrir le
fourneau. On a fait des portes en fonte à double paroi ;
elles n'ont d'autre avantage que de ne point laisser sortir
de chaleur à travers leur épaisseur à cause de la couche
d'air interposée entre les 2 parois ; sous ce point de vue
elles sont bonnes.

Quelquefois on fait des portes à coulisse qui s'élèvent et
s'abaissent verticalement dans un châssis au moyen d'une
chaîne passée sur une ou des poulies et d'un contre-poids :
ce mode est fort bon, 1° parce que ces portes joignent
mieux que celles montées sur des gonds ; 2° parce que leur
maniement est plus facile.

La porte d'un fourneau ne doit point être trop grande :
on lui donne ordinairement une hauteur égale au tiers de
la longueur de la grille, et une largeur égale à la moitié de
celle de cette grille ; ainsi construite, le chargement du
fourneau se fera aisément.

155. Le fourneau, proprement dit, est toujours joint à
la cheminée par un canal horizontal ou incliné plus ou

moins long; c'est dans ce canal que doit se placer un registre [113] propre à rétrécir convenablement son ouverture ; ce registre est une plaque de fonte de 1 à 1 ½ centimètre d'épaisseur qui glisse à frottement dans un châssis en fonte , ledit châssis étant scellé dans le canal. Cette plaque s'élève verticalement par le moyen d'une chaîne attachée d'un bout à son extrémité supérieure et qui passe sur 2 poulies; l'autre bout de la chaîne vient tomber devant le fourneau et à portée du chauffeur, on y suspend un poids qui rend le mouvement facile. Il faut cependant laisser à la plaque un excès de pesanteur pour que sa manœuvre soit sûre.

Le registre ne doit jamais fermer complétement le canal, car il est prouvé que, dans certaines conditions, cela a été la cause d'explosions, et on peut l'expliquer ainsi : au moment où on vient de charger le foyer de houille fraîche, si on ferme le registre complétement, à cette température la houille se distille , fournit une quantité de gaz hydrogène carbonné qui vient remplir les galeries : aussitôt qu'on relève le registre, l'air extérieur appelé se mêle à ces gaz et il y a détonnation. On l'évitera en perçant le registre d'un trou de 6 à 8 centimètres de diamètre suivant ses dimensions, il ne pourra alors arrêter complétement l'écoulement du gaz et on sera à l'abri du danger qui en résulterait.

Dans quelques machines de Watt, le registre est mu par un flotteur qui s'élève et le ferme lorsque la vapeur est trop élastique ; alors le feu est modéré. Ce moyen est savant et ingénieux, nous le décrirons quatrième section.

156. Il nous reste encore, pour compléter l'étude des fourneaux, à parler des cendriers, c'est-à-dire de cet espace libre qui reste au-dessous de la grille tant pour recevoir les cendres et débris de la combustion que pour l'entrée de l'air extérieur. Le cendrier ne saurait être trop vaste; ce n'est

que dans des positions gênées qu'on le tient assez petit, et encore son ouverture doit-elle être au moins égale à la moitié de la surface de la grille. Dans les cas ordinaires et pour que le service du feu soit aisé, la grille se trouve de 8 décimètres au-dessus du sol, de sorte que l'ouverture du cendrier aura cette hauteur et même largeur que la grille; quant à la profondeur dudit cendrier, c'est toujours celle de la grille. Dans quelques localités on fait rendre les cendres ou escarbilles dans une fosse pratiquée sous le fourneau; on éloigne ainsi la chaleur que concentrent les cendres, ce qui est d'un bon effet. On fait encore mieux, lorsqu'il est possible de faire passer un courant d'eau dans le fond du cendrier, ou tout au moins d'y faire arriver un petit filet d'eau sur les cendres, afin de les éteindre. Lorsqu'on s'y prend ainsi, l'air qui traverse la grille est plus frais et plus dense; peut-être aussi la vapeur d'eau qui en résulte rend-elle les gaz de la combustion plus légers; mais quoi qu'il en soit, le tirage en est augmenté sensiblement, et la grille ne s'échauffe point : ces deux effets sont très-favorables. Assez souvent on fait aboutir, dans le cendrier, un large tuyau dont l'autre extrémité descend dans une cave ou s'ouvre dehors, afin d'amener de l'air frais et en abondance, et aussi, par ce moyen, on évite d'exciter une trop grande ventilation dans le local où se trouve le fourneau, ce qui le refroidit.

Le cendrier doit pouvoir être fermé hermétiquement, c'est le meilleur moyen pour retarder et même arrêter la combustion lorsqu'il est besoin de le faire; à cet effet, on doit y poser des portes en fonte comme à la bouche du foyer.

157. Tous ces principes étant arrêtés, décrivons quelques fourneaux dans leur ensemble. La ($fig.$ 19) représente deux coupes d'un fourneau dessiné au $\frac{1}{60}$ pour une chaudière dite de Watt, capable de produire 600 kilogrammes de vapeur par heure; on brûle donc dans ce fourneau 100 kilo-

grammes de houille durant ce temps [92], la flamme, en sortant du foyer, passe dessous la chaudière en A ; dans cette portion le canal porte le nom de gorge ; à son extrémité elle s'élève derrière la chaudière, puis tournant à droite, elle longe la chaudière dans la galerie B , passe devant la chaudière en C , et longe la galerie D jusqu'à la cheminée qui, dans ce cas, est supposée être derrière le fourneau.

Si la cheminée était au-devant du fourneau, la flamme, arrivée derrière la chaudière, passerait dans les deux galeries B et D en se partageant en deux portions qui, se réunissant en C , entreraient ensemble dans la cheminée.

Ce fourneau est destiné à brûler de la houille ; on voit comment la grille est portée sur deux barres de fer I , E , scellées dans la maçonnerie ; en avant de la grille se trouve une plaque en fonte H dont l'utilité est, en éloignant le combustible, de le porter directement dessous la chaudière pour l'empêcher d'échauffer la porte et la voûte maçonnée qui est au-dessus, ce qui serait nuisible. Les parois du foyer sont inclinées, ce qui facilite le rayonnement contre le fond de la chaudière.

La portion de maçonnerie K qui joint la voûte cylin‑ drique du dessus de la porte avec celle qu'offre le fond de la chaudière, est elle-même voûtée (c'est une portion de surface sphérique).

158. La (*fig.* 20) représente un fourneau pour la même chaudière, mais propre à brûler du bois (230 kilogrammes par heure); la différence consiste dans la plus grande dis‑ tance de la grille, ses dimensions plus petites, la capacité plus grande du foyer et sa forme qui est telle que toutes les faces sont des portions de surfaces sphériques ou à très‑ peu près. Par ce moyen, le calorique rayonne sur le foyer, ce qui facilite une vive combustion ; cette forme est essen‑ tielle, principalement pour brûler de la tourbe.

Ce qu'offre encore de particulier ce fourneau, ce sont les ouvertures *s s*; elles sont formées par des tubes en fonte ou en terre, logés dans la maçonnerie. Ces tubes sont destinés à amener un peu d'air à travers la fumée qui s'échappe sans être brûlée, de manière à en opérer la combustion complète. La position desdits tubes est telle que l'air qui en sort, aspiré par la cheminée, prend une direction propre à refouler la fumée sur le combustible et vers la bouche du foyer; celle-ci, ramenée ainsi au contact du feu et mélangée convenablement avec de l'air, ne peut manquer de se consumer. Ce moyen est très-utile pour bien brûler la tourbe; du reste, ces tubes S (qui ont environ 4 centimètres de diamètre) se ferment au dehors avec des bouchons pour s'ouvrir suivant le besoin.

Les murailles des fourneaux sont doubles, c'est-à-dire que la paroi extérieure est séparée de celle intérieure par une portion évidée *m m*, les deux parois sont réunies par des briques qui, de distance en distance, sont scellées dans l'une et l'autre muraille. On procède ainsi pour empêcher la perte de la chaleur par le rayonnement du fourneau.

159. Lorsque les chaudières sont cylindriques, elles sont à bouilleurs ou à courant d'air (cheminée intérieure). Dans le premier cas, le fourneau est disposé en conséquence et tel que le représente la *fig.* 21 qui est encore le dessin au $\frac{1}{50}$ d'un fourneau destiné à brûler 100 kilogrammes de houille par heure. La flamme passe du foyer dans la gorge A, sous les bouilleurs H, arrivée à l'extrémité, elle passe entre les bouilleurs qui, vers cette partie, laissent une ouverture convenable entre eux, ou bien on lui ménage un passage entre la muraille et le bout desdits bouilleurs: de là elle revient vers le devant dans une galerie B où elle chauffe le dessus des bouilleurs et le dessous de la chaudière; arrivée en C, elle s'écoule à droite et à gauche par deux galeries D D', en chauffant les flancs de la chaudière

jusqu'en I où les deux galeries réunies communiquent avec la cheminée.

Si cette cheminée se trouvait au-devant du fourneau, on aurait fait la galerie B plus élevée, de manière qu'elle embrassât la chaudière jusque vers le tiers de sa hauteur, et dans ce cas la flamme, arrivée en C, eût passé immédiatement dans la cheminée.

Les parois du foyer offrent ou des plans inclinés, ou des portions de surfaces cylindriques et sphériques, de manière à réfléchir la chaleur vers la chaudière ou sur le combustible vers le milieu de la grille.

Lorsque la chaudière est d'un petit diamètre, il serait impossible de faire des galeries assez élevées pour que la flamme circulât 3 fois la longueur de la chaudière; dans ce cas elle passe toujours à la cheminée après avoir parcouru la galerie B.

Si la chaudière était à cheminée intérieure, la flamme en passant dans la gorge A (*fig.* 22) échaufferait d'abord presque la moitié de la surface cylindrique de la chaudière, et, passant vers son extrémité de B en C, elle traverserait ainsi cette chaudière; arrivée en D, elle entrerait ou immédiatement ou par un canal intermédiaire dans la cheminée. D'ailleurs on conçoit que le canal C doit être entièrement recouvert d'eau à l'extérieur.

Dans le cas où la chaudière serait très-grande, comme 1 à 1,25 mètre de diamètre, on pourrait faire une double galerie, c'est-à-dire que la flamme, arrivée en D, se diviserait à droite et à gauche pour passer dans deux galeries qui chaufferaient les côtés de cette chaudière; cependant, même dans ce cas, on pourrait ne pas faire cette double galerie sans inconvénient.

160. Lorsque la chaudière n'a pas l'une des formes examinées, on modifie la construction du fourneau en conséquence, toujours en se conformant aux lois générales; ainsi il en est

qui ont la forme prismatique et sont très-peu profondes; telles sont celles employées dans les salines; d'autres ont la forme cylindrique ou d'un tronc de cône; telles sont celles employées par les teinturiers, les brasseurs, etc. Dans ces cas divers, la flamme passe immédiatement depuis le dessous de la chaudière vers la cheminée, à moins que la chaudière ne soit assez profonde; alors on l'appuie sur les parois du foyer, mais on laisse de distance en distance des ouvertures qui permettent à la flamme de s'élever à travers pour envelopper toute la chaudière; elle vient ensuite sortir par une section ménagée dans une position propre à forcer la flamme à parcourir tout l'espace qu'on lui avait assigné.

161. Quelques constructeurs, au lieu de placer le foyer immédiatement dessous la chaudière, établissent entre les deux une voûte en maçonnerie, laquelle étant percée de trous laisse passer la flamme qui vient chauffer le dessous de la chaudière; la construction est absolument la même que (*fig.* 21, 22), à la différence près de la voûte placée entre la grille et la chaudière; l'utilité de cette voûte est de réverbérer la chaleur sur le foyer et par ce moyen d'augmenter l'énergie de la combustion; ce n'est qu'en brûlant de la tourbe que ce mode est convenable, et encore n'y trouve-t-on pas des avantages bien prononcés.

162. Obtenir une bonne et vive combustion est le but qu'on se propose en construisant un fourneau; mais quelquefois il faut se proposer plus encore : il faut brûler la fumée elle-même, d'abord pour profiter de la chaleur qu'on en obtiendra, et aussi pour être débarrassé de cette fumée qui, bien souvent, est un assez grave obstacle.

On a fait de longs et pénibles efforts pour obtenir des foyers fumivores; ce problème n'est cependant pas encore résolu complètement.

Lorsque la combustion est parfaite, les produits gazeux ne

doivent être qu'un mélange d'air non brûlé, d'azote, d'a-
cide carbonique et de vapeur d'eau, mélange inodore, in-
colore, dès-lors sans inconvénient pour le voisinage. Cependant on sait que tous les fourneaux, plus ou moins, dé-
gagent une fumée noire, qui n'est point le mélange indiqué
ci-dessus, mais qui contient en plus de l'hydrogène carboné, de l'oxide de carbone et du charbon en suspension;
dans le but de brûler ces gaz combustibles, on a proposé
d'abord de placer au-dessus et en avant de la grille une
trémie A (*fig.* 23); on la remplit de houille, laquelle sert
de porte au foyer. A mesure qu'elle s'échauffe, il s'en dégage des gaz qui, arrivant en petite quantité au-dessus du
combustible en ignition, brûlent complètement et d'autant
mieux qu'une ouverture C (fente mince et horizontale plus
ou moins ouverte à l'aide d'une lame mobile) laisse entrer
l'air extérieur qui passe ainsi au-dessus du combustible.
Lorsque la houille placée dans la trémie est déjà bien
échauffée, on la force à descendre, non pas encore sur
la grille, mais sur une plaque B placée au-devant d'elle;
là elle finit de se distiller, et lorsque ensuite on la pousse
avec un ringard sur la grille, ce n'est point de la
houille, mais du coke. En avant de la plaque B est une
grille verticale D qui laisse entrer de l'air, lequel traverse
la houille qui est en B.

Ce procédé a eu beaucoup de partisans; Watt l'a employé plusieurs fois, MM. Clément Desormes aussi, et ils
s'en trouvèrent bien; cependant il s'est si peu propagé qu'on
doit douter s'il satisfait à toutes les conditions du pro-
blême.

163. Quelques personnes se sont contentées, pour obtenir un foyer fumivore, de laisser un vide dans le mur qui
forme le fond du cendrier (*voir en* A, *fig.* 24). Une mince
couche d'air s'élève par cette ouverture, se mêle avec les
produits gazeux au moment où ils entrent dans la gorge, ce

qui détermine leur combustion. Ce moyen peut aider, mais il est loin d'être suffisant.

Si le canal A, au lieu d'être vertical, était horizontal ou un peu incliné comme celui figuré en A', il remplirait mieux le but, parce que, en vertu de sa direction, l'air qu'il fournirait ramènerait la fumée au-dessus du combustible, se mêlerait avec elle, ce qui produirait un meilleur effet.

Bien d'autres moyens ont été proposés, mais aucun ne me paraît valoir celui adopté par Watt, alors nous n'en parlerons pas.

164. MM. Smith et Brunton, en Angleterre, sont partis d'un autre principe pour obtenir une combustion sans fumée, et voici sur quoi ils se sont fondés. Sur un foyer en pleine ignition, si on jette très-peu de houille, la température n'en sera pas sensiblement altérée; cette houille laissera de suite dégager ses principes gazeux qui brûleront aisément, vu qu'ils sont en fort petite quantité et que l'air abonde; ainsi il suffit de remplir cette condition pour atteindre le but. C'est ce qu'ils ont fait en établissant un appareil pour distribuer le charbon sur la grille; à cette fin, cette grille est circulaire et reçoit un mouvement de rotation très-lent d'un moteur quelconque (1); une trémie posée au-dessus de la chaudière ou des bouilleurs, est remplie de houille, elle est fermée par une lame mobile placée obliquement, et qui, ayant un mouvement lent de va-et-vient, ouvre, à peu près toutes les minutes, le canal qui communique de la trémie au foyer, lequel passe à travers la chaudière, et laisse ainsi tomber à chaque fois une certaine quantité de houille sur la

_____

(1) M. Clément avait proposé une roue à ailes inclinées placée dans la cheminée.

grille ; l'inclinaison du canal est telle , que cette grille reçoit de la houille du bord au centre fort également , et comme elle tourne , on conçoit qu'elle est uniformément chargée et que , à cause de la petite quantité de combustible qui tombe à chaque fois , il n'y a point de gaz qui échappent à la combustion. Aussi avec un tel foyer on ne voit jamais de fumée au sommet de la cheminée. Ce n'est pas le seul avantage de cette disposition , la régularité du chargement, et par suite celle de la vapeur produite , est une fort bonne chose.

Le foyer étant alimenté peu à peu, il n'y a sur la grille que peu de combustible ; dès-lors la combustion s'en fait mieux. Le service des fourneaux se trouve extrêmement facile et indépendant de l'adresse ou de la négligence du chauffeur : tout cela est fort à priser.

Il y a bien quelques inconvéniens ; la forme de la grille est peu favorable à son nétoyage , et il faut un moteur ; mais si le fourneau alimente une machine à vapeur, il sera facile d'y prendre cette force qui est très-petite ; si ce n'est point une machine motrice , il est rare que dans une usine on n'ait point un moteur quelconque, et d'ailleurs, ne serait-ce qu'un poids qui, élevé très-haut et suspendu à une corde moufflée, redescendrait ensuite en faisant tourner l'appareil, on y gagnerait encore beaucoup ; l'ouvrier chargé du feu pourrait aisément remonter ce poids deux ou trois fois par jour sans difficulté.

Il existe un de ces appareils chargeurs de houille, de Smith et Brunton , à la pompe à feu des bains de Gèvres, importée en France par les propriétaires , MM. Caillat frères ; ils en usent depuis 8 années.

165. MM. Stël et Aitkens , ingénieurs, constructeurs de machines à vapeur à haute pression et à trois cylindres,

dont les ateliers sont à Paris (1), ont imité cet appareil en le modifiant; ils ont placé au fond de la trémie une roue armée de pointes qui broie le charbon avant de le laisser tomber; cette roue peut être utile en ne laissant arriver sur la grille que de la houille toujours de la même grosseur; la régularité se trouve encore augmentée, mais aussi elle absorbe plus de force motrice que l'appareil de Brunton, et dans le cas où on n'aurait qu'un poids pour moteur, ce dernier appareil serait préféré.

M. Hall, habile mécanicien anglais, a aussi construit des appareils chargeurs de houille, peu différens de celui indiqué précédemment.

166. La plus grave difficulté qui s'oppose à l'adoption générale de l'appareil chargeur de houille est la forme de la grille; mais on doit à M. Stanley, de Manchester, un autre appareil dans lequel la grille garde sa forme ordinaire et n'est point mobile; alors il peut s'appliquer à tous les fourneaux déjà existans. Il a été importé en France par M. John Collier, qui, depuis, l'a ajouté à plusieurs machines à vapeur.

Voici en quoi il consiste (*fig.* 25) : le fourneau est construit tout comme d'usage, son foyer en A, B la gorge, etc. Sur le devant de ce fourneau (il doit être plan), on fixe une plaque de fonte a, portant deux coulisses garnies au-dedans de petits rouleaux pour la facilité du mouvement, c'est la seule pièce attachée sur le fourneau, tout le reste de cet appareil est mobile et peut se détacher à volonté. Il consiste en une caisse b c en fonte, entrée à coulisse dans la plaque a; cette caisse est surmontée d'une trémie au bas de laquelle se trouvent deux cylindres cannelés i i, plus

---

(1) M. Stël périt, en 1827, victime de son imprudence lors de l'explosion du bateau à vapeur de Lyon.

ou moins écartés, selon la grosseur de la houille qu'on veut brûler.

On remplit la trémie D de houille , les rouleaux *i* reçoivent un mouvement de rotation d'un moteur et font écouler la houille en la broyant; celle-ci tombe dans la caisse *b*, elle y rencontre un volant G formé de 4 ou 6 ailes verticales en tôle , implantées sur un arbre aussi vertical , lequel reçoit un mouvement de rotation assez rapide qui lui est communiqué à l'aide d'une poulie se trouvant à son extrémité dans le deuxième compartiment de la caisse; les petits morceaux de houille, rencontrés par les ailes , sont repoussés brusquement et viennent tomber sur la grille A : la forme conique du volant G et sa rapidité sont calculées de manière à ce que la houille soit étendue bien également sur la grille ; il est évident que les parties qui touchent le haut des ailes du volant recevant une moindre vitesse que celles qui touchent la base, les unes doivent s'arrêter à l'origine A de la grille et les autres à son extrémité A'.

Lorsqu'on veut nétoyer le feu, on repousse cet appareil qui peut glisser dans ses coulisses, et la porte H du fourneau se trouve libre.

Dans l'origine , les constructeurs de ces appareils prétendirent qu'en les adaptant à des fourneaux établis, on économiserait jusqu'à 25 p. 100 de combustible , cela est douteux; mais il ne peut rester de doute sur une économie de 12 à 15 p. 100 vérifiée par l'expérience et par les raisonnemens rigoureux qu'on peut établir sur ce mode d'alimenter les foyers.

Si on ajoute la parfaite régularité du service du feu, sa facilité , on trouvera qu'il est singulier que ces chargeurs de houille ne soient pas devenus plus communs (1).

_____

(1) Je connais plusieurs établissemens, entre autres, deux

167. Pour faire voir que les chargeurs de houille procurent une économie réelle, il faut chercher quelle perte de calorique on fait par la porte du fourneau dans le service ordinaire :

Supposons un foyer où il se brûle 100 kilogrammes de houille par heure, la porte d'un tel fourneau doit avoir 3 décimètres de haut et 5 de large [154], sa surface = 15 décimètres carrés. Supposons que la hauteur et la température de la cheminée sont telles que la vitesse de l'air froid soit de 16 mètres par seconde, il entrerait par cette porte $160 \times 15 = 2400$ décimètres cubes d'air chaque seconde; maintenant admettons que l'on charge 5 fois par heure, c'est 20 kilogrammes chaque fois, il faudra bien alors une minute par charge, en tout 300 secondes par heure; ainsi il entrera par la porte $2400 \times 300 = 720000$ décimètres cubes $= 720$ mètres cubes $= 934$ kilogrammes d'air, la capacité de l'air étant $\frac{1}{4}$ de celle de l'eau, porter à 400° 934 kilogrammes d'air ou $\frac{934}{4} = 233\frac{1}{2}$ kilogrammes d'eau; c'est la même dépense en calorique; cette dépense $= 233\frac{1}{2} \times 400 = 93400$ calorics, mais un kilogramme de houille fournit 6000 calorics, il faut donc pour échauffer cet air

à Paris, dans lesquels il a été abandonné après son application; mais cela tient aux ouvriers : lorsqu'on leur présente de nouveaux procédés, malgré les facilités qu'ils acquièrent, ils ne peuvent se résoudre à trouver bon ce qui les change de leur routine; souvent aussi ils craignent qu'ayant moins de mal on ne diminue leur salaire, ce qui, il est vrai, a trop souvent lieu : c'est, dans ces circonstances, aux chefs d'établissemens à lutter contre eux, et trop souvent ceux-ci ne le font pas ; aussi voit-on abandonner des machines excellentes, qui réussissent en d'autres mains, par pure malveillance des uns et tiédeur des autres.

$\frac{93400}{6000} = 15\frac{1}{2}$ kilogrammes de houille, on a donc une perte de $15\frac{1}{2}$ p. $^{\circ}/_{\circ}$ (1).

On doit conclure que les chargeurs de houille ont incontestablement des avantages économiques outre les autres que nous avons énumérés.

---

(1) Sans doute, la perte est un peu moindre, car aussitôt que la porte est ouverte, il y a réfroidissement et dès-lors diminution de vitesse, mais enfin ne fût-elle que de 8 ou 10 p. $^{\circ}/_{\circ}$, il serait bon de ménager cette quantité.

TABLE *relative aux vapeurs de divers liquides.*

SUBSTANCES.	DENSITÉ à 0°.	TEMPÉRATURE de l'ébullition sous la pression de 760 millimètres de mercure.	CAPACITÉ de ce liquide pour la chaleur.	CHALEUR totale pour convertir en vapeur par kilogramme de liquide pris à zéro.	CHALEUR contenue d'un mètre cube de cette vapeur à la température d'ébullition sous la pression de 760 millimètres.	POIDS d'un mètre cube de la vapeur sous la pression de 760 millimètres et à la température 0°.	POIDS d'un autre cube de cette vapeur sous la pression de 760 millimètres et à la température de l'ébullition.	VOLUME d'un kilogramme de cette vapeur sous la pression de 760 millimètres et à la température de l'ébullition.	VOLUME d'un kilogramme de cette vapeur sous la pression de 760 millimètres et à la température réelle.	DENSITÉ de la vapeur au terme de l'ébullition, celle de l'air à 0° étant 1.	DENSITÉ de la vapeur au terme de l'ébullition, celle de l'air dans les mêmes conditions de pression et de température étant 1.	DENSITÉ de la vapeur au terme de l'ébullition, retiré de l'air sous la même pression et à être dilaté la température étant 1.
Eau............	1	100°	1	650	380	0,808	0,588	1238	1700	0,000588	0,622	0,453
Alcool..........	0,793	78,6	0,622	255,5	413	2,006	1,618	477	618	0,001618	1,614	1,246
Éther sulfurique.....	0,715	35,5	0,522	109,3	324	3,380	2,965	298	337	0,002965	2,589	2,284
Essence de térébenthine..	0,872	156,8	0,467	149,2	614	6,512	4,103	153	243	0,004103	5,015	3,161
Mercure.......	13,598	350	0,020	54,0	211	9,058	3,920	110	255	0,003920	8,087	3,021
Air............	0,0013	»	0,267	»	»	1,298	»	770	»	»	1	1

Cette table a été calculée d'après des expériences de M. Gay-Lussac et de M. Despretz, toujours en partant de ces bases, qu'un kilogramme d'eau donne 1700 litres de vapeur à cent degrés, qu'un mètre cube d'air dans les conditions normales pèse 1298 grammes, et que chaque gaz ou vapeur se dilate de un deux cent soixante-septième de son volume à zéro par degré centigrade.

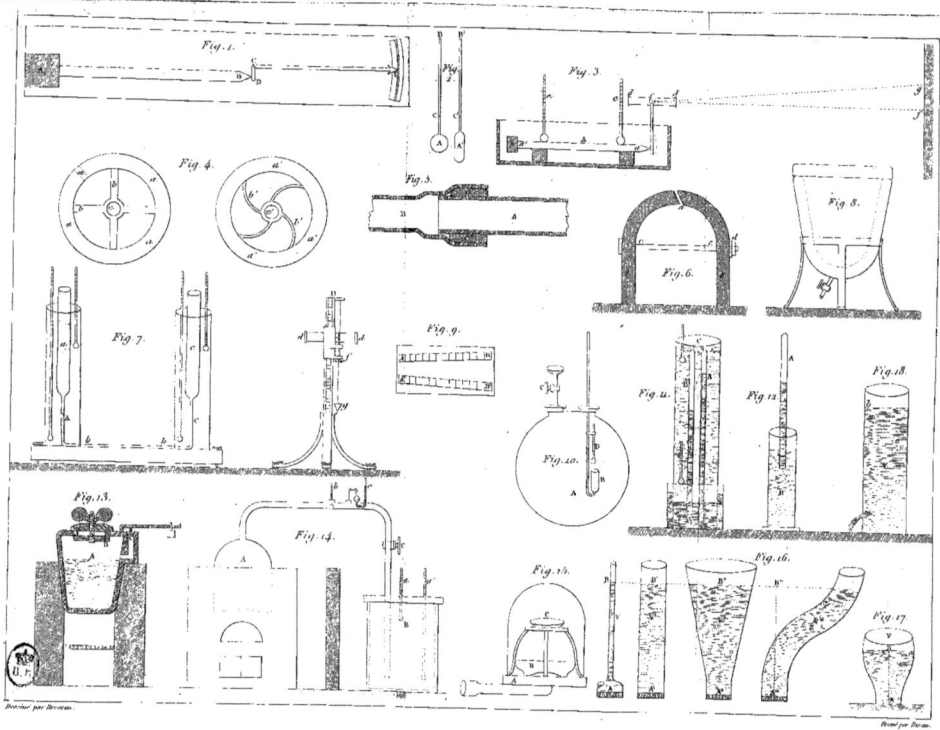

Fig. 1.

Fig. 2.

Fig. 3.

Fig. 4.

Fig. 5.

Fig. 6.

Fig. 8.

Fig. 7.

Fig. 9.

Fig. 10.

Fig. 11.

Fig. 12.

Fig. 18.

Fig. 13.

Fig. 14.

Fig. 15.

Fig. 16.

Fig. 17.

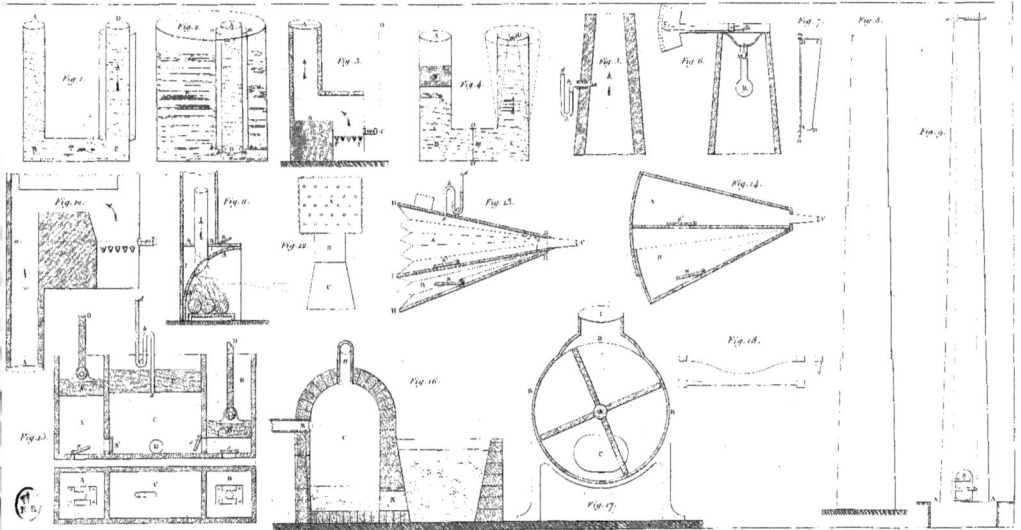

Fig. 1. Fig. 2. Fig. 3. Fig. 4. Fig. 5. Fig. 6. Fig. 7. Fig. 8.

Fig. 9.

Fig. 10. Fig. 11. Fig. 12. Fig. 13. Fig. 14.

Fig. 15. Fig. 16. Fig. 17. Fig. 18.

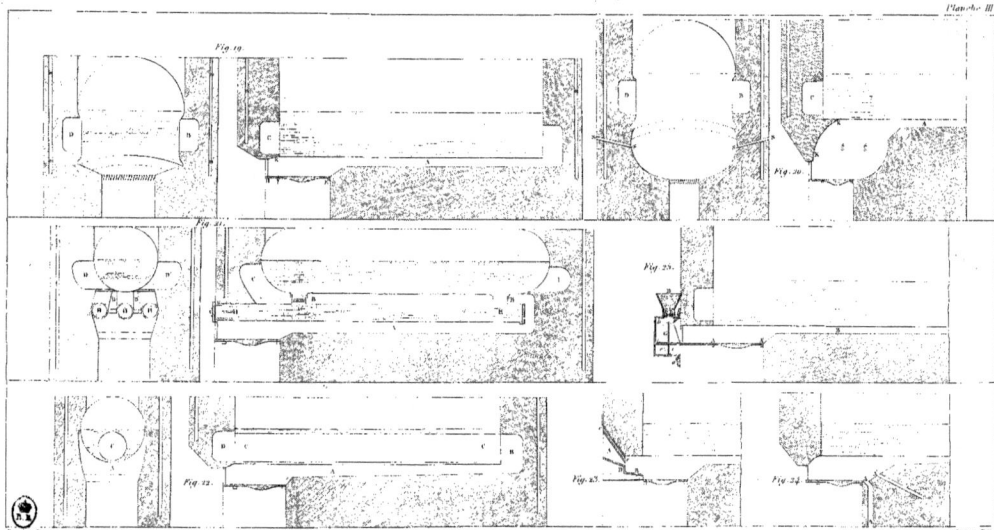

Fig. 19.
Fig. 20.
Fig. 21.
Fig. 22.
Fig. 23.
Fig. 24.
Fig. 25.

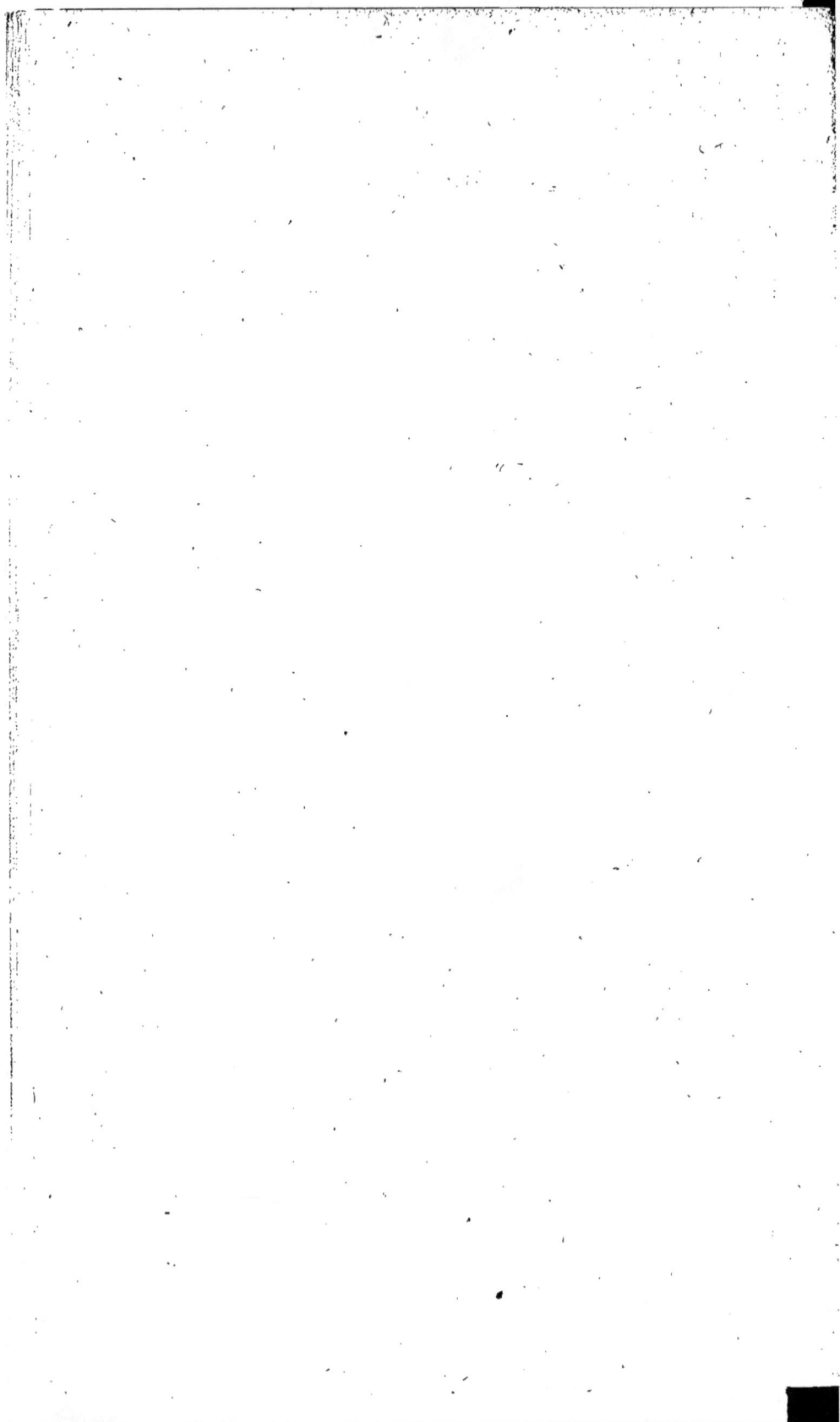